Complete Interior Decoration Design

Neo-Chinese Style

软装全案设计教程 新中式风格

李江军 王梓羲 主编

江苏凤凰科学技术出版社
南 京

图书在版编目（CIP）数据

软装全案设计教程. 新中式风格 / 李江军，王梓羲主编. -- 南京 ：江苏凤凰科学技术出版社，2020.9
ISBN 978-7-5713-1199-5

Ⅰ. ①软… Ⅱ. ①李… ②王… Ⅲ. ①室内装饰设计－教材 Ⅳ. ①TU238.2

中国版本图书馆CIP数据核字(2020)第106994号

软装全案设计教程　新中式风格

主　　编　李江军　王梓羲
项目策划　凤凰空间／彭　娜
责任编辑　赵　研　刘屹立
特约编辑　张爱萍

出版发行　江苏凤凰科学技术出版社
出版社地址　南京市湖南路1号A楼，邮编：210009
出版社网址　http：//www.pspress.cn
总　经　销　天津凤凰空间文化传媒有限公司
总经销网址　http：//www.ifengspace.cn
印　　刷　北京博海升彩色印刷有限公司

开　　本　889 mm×1194 mm　1／16
印　　张　17
字　　数　218 000
版　　次　2020年9月第1版
印　　次　2020年9月第1次印刷

标准书号　ISBN 978-7-5713-1199-5
定　　价　288.00元（精）

前言 Foreword

装饰风格不仅能赋予居住空间内涵与灵魂，同时也是对室内设计艺术本质的揭示。新中式风格在传统中式风格的基础上演变而来，其空间装饰多采用简洁、硬朗的直线条。虽然简化了传统中式风格中复杂烦琐的设计，但继承了讲究空间层次的特点。新中式风格将传统元素以现代形式表现出来，呈现出经典而又简洁的空间装饰特点。

新中式风格在空间格局的安排上，常看到对称式设计的影子。这种设计形式能在很大程度上加强家居环境的稳定感，并带给人协调、舒适的居住体验。在家具的设计上，常在局部点缀富有传统意蕴的装饰，如铜片、铆钉、木雕饰片等，呈现出经典又时尚的特点。在装饰材料的运用上，除了使用木材、石材、丝纱织物等之外，还会适当搭配玻璃、金属、墙纸等材料，在不失经典的同时，也更为时尚耐用。

本书对新中式风格的全案设计进行了深入细致的剖析。基础部分讲述了新中式风格的发展历程，并对新中式风格装饰的特征进行解析，让读者对新中式风格有一个清晰的认识。接下来的内容则偏向于新中式风格软装全案的实战设计。其中新中式风格氛围表现类型的内容，更是多位国内知名设计师的经验分享。色彩是软装全案设计中的重要组成部分，因此邀请软装色彩教育机构的专业老师对理论与案例进行解析，剖析了中国传统色彩与纹样在现代设计中的新应用。除色彩外，本书还图文并茂地解析了新中式风格中装饰材料、家具类型、照明灯饰、布艺织物、软装饰品等元素的搭配要点，以充分激发读者的设计思路。

任何室内装饰风格都不是死板僵硬的模板公式，而是为设计者提供一个方向性的指南。本书内容通俗易懂，摒弃了传统风格类图书诸多枯燥的理论，以图文并茂的形式，给读者上了一堂颇具深度的软装风格设计课。即使是没有设计基础的装修业主，读完本书后，也基本能对新中式风格有所掌握。

目
录
Contents

第一章
新中式风格形成与发展

第二章
新中式风格氛围表现类型

33

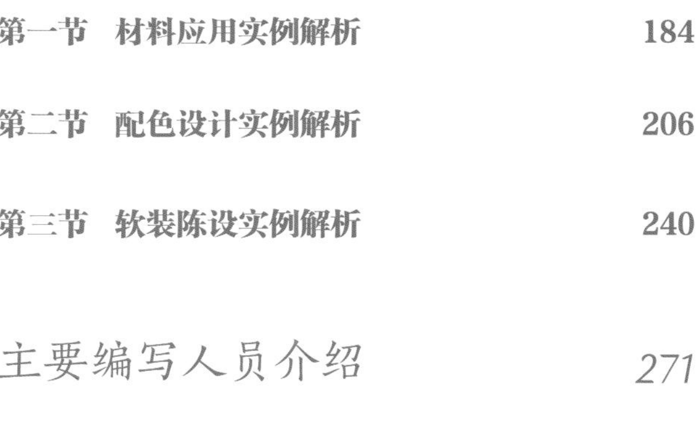

软装全案设计教程
新中式风格

【第一章】

新中式风格形成与发展

【第一节】风格起源

一 新中式风格定义

中式风格是指具有中国文化元素的室内装饰风格。传统的中式风格继承了清式家具体量大、雕刻繁杂、工艺精巧的特点。中式建筑层高高、进深大，外表金碧辉煌，内里雕梁画栋，造型讲究对称，色彩讲究对比，装饰材料以木材为主，图案多龙、凤、龟、狮等，精雕细琢、瑰丽奇巧。

⊙ 本设计灵感来源于绣于官服的江崖海水纹，传递着平步青云的期盼，亦具有山河永固、民族永兴的吉祥寓意

⊙ 根雕是指通过收集天然的根材，充分利用其自然的形态，进行加工取舍的工艺，是中国传统雕刻艺术之一

⊙ 移步换景、曲径通幽是中式风格空间常用的要素，它们能让平铺直叙的空间顿添律动和韵味

新中式风格是传统中式风格的延续，体现的是一种与时俱进的发展理念。这里的“新”，是利用新材料、新形式对传统中式风格的一种演绎。将古典语言以现代手法进行诠释，融入现代元素，又注入中式的风雅意境，使空间散发出淡然悠远的人文气韵。新中式风格延续了明式家具的简约与自然流畅，摒弃了传统中式风格中繁复的雕花和纹路、描金与彩绘，造型简洁，色彩淡雅。

简单地说，新中式风格是对古典中式家居文化的简化、创新和提升。是以现代的表现手法去演绎传统，而不是丢掉了传统。因此，新中式风格的设计精髓还是以传统的东方美学为基础，万变不离其宗。作为现代风格与传统中式风格的结合，新中式风格更符合当代年轻人的审美。

中国文化历史悠久、博大精深。将传统文化元素应用在新中式风格的室内设计中，不仅能增强人们对传统文化的认同感，而且可以赋予新中式风格全新的内涵。

⊙ 书法、木花格、祥云纹祥等传统元素在新中式空间中的应用

⊙ 新中式风格会使用一些金属、玻璃等现代化材质来表现中式的古典气韵

⊙ 新中式风格提炼了传统经典元素并加以简化和丰富，更注重意境美

二 中式风格发展历程

新中式风格的室内设计由传统中式风格随着时代变迁演绎而来，凝聚了中国数千年的历史文化，是历代人民勤劳汗水和智慧的结晶。中式风格在不同的朝代有不同的特点，从商周时期出现大型宫殿建筑之后，历经汉代的庄重典雅、唐代的雍容华贵、明清时期的大气磅礴。如今在现代设计风格的影响下，为了满足当代人的使用习惯和功能需求，形成了新中式风格，这是一种传统文化的回归。

⊙ 中国红作为中国人的文化象征之一，其渊源可追溯到古代对日神虔诚的膜拜

⊙ 将东方韵致与现代美学融合为一体，演绎出传统的人文情怀

⊙ 月亮门是在中国古典园林或住宅的院墙上开设的圆弧形洞门，因圆形如月而得名

【商周】

中国的传统建筑体系是在商周时期逐步形成的，中式风格建筑的一些特征，如夯土台基、木构架、斗拱、院落式组合、对称布局等在这个时期均已出现。此外，等级制度也越来越多地反映在建筑中，商朝的墓葬制式即是典型的例子。到了周朝，等级制度更加谨严，例如对各级城市的面积、城阙高度、道路宽窄等均有明确规定。

从商周时期墓葬中发掘出的大量青铜器物来看，这一时期的建筑规模应该较为庞大，而且往往建造在土丘之上。宗庙和宫殿是该时期最为核心的建筑，其中宗庙一般用于祭祀和藏纳礼仪重器，宫殿则供君王及其王室居住并处理行政事务。通过中国园林史相关的研究发现，周朝已经出现了营造苑台，并初具园林的形态。由此可以推断，在宗庙和宫殿建筑内部，一定也遵循着礼制，并摆设各种器具，在当时的居所中已经有完整的起居用具，比如矮脚的床榻、几案都已经被广泛使用。

商朝是中国青铜器发展的核心时期，伴随着社会生产力的提高，青铜冶炼技术逐步成熟。到了周朝，青铜纹饰讲求通体满花，并有上下层次，甚至高起如浅浮雕，这种雕刻装饰工艺被称为“三层花”。兽面纹、动物纹较具体，直接取材于现实动物，例如著名的后母戊鼎耳部的虎噬人形象。

⊙ 商周时期青铜器

据史料记载，早在商周时代，已出现具有装饰性和实用性的家具。到春秋战国时期，木业制作已有了斧、锯、凿、铲等工具，测量也有了规矩准绳。商朝的木质家具没有任何实物流传下来，但是从出土的商朝青铜器中，仍可窥见当时家具造型的一些蛛丝马迹。由于商周时期人们都是跪坐的，因此只有案、俎、禁（置酒器具）等矮型家具。周朝是中国奴隶社会的鼎盛时期，并且有着极其严格的等级制度，因此在日常生活的衣、食、住、行包括器皿和家具的使用上，都有着严格的规定。同时，家具的功能性分类也是从这一时期开始的。

⊙ 俎是古代祭祀时用以载牲的礼器，也是切肉用的案子。青铜俎的出土数量很少，已发现的有商周和战国时期的

【秦】

秦朝建筑是在商周时期就已形成的基础上发展而来的，但秦朝统一中国促进了中原与吴楚建筑文化的交流，因此其建筑规模更为宏大，组合更为多样。从文物和记载中得知，秦朝建筑具有雄伟、浑厚、博大、瑰丽等特点。秦始皇统一全国后，集中全国人力、物力与六国技术成就，在咸阳修筑城郭、宫殿、陵墓。据记载，秦始皇每灭亡一个国家，就会在咸阳附近按各国宫殿图样建造一处宫殿。

秦朝建筑已开始依据使用者的身份，以及不同的使用功能来布置空间，宫殿建筑是当时权力和身份的象征。宫殿内皇帝坐处筑有台，以显示其地位的威严和不可侵犯。商周时期作为礼器的青铜器，在秦朝已被作为普通的器具使用。但酒器、食器、水器、兵器、车马器、建筑构件等分类十分复杂，很多室内摆设如禁、案等都与存放这些器具有关。虽然至今没有发现有关于秦朝家具的文物，但史传阿房宫在被烧毁时，大火三月不灭，由此看出其殿堂的恢宏及室内家具陈设的豪华。

⊙ 秦始皇陵铜车马二号车为“安车”，为秦代皇家专车，饰有云纹、几何纹、夔龙纹等图案，现收藏于秦始皇帝陵博物院

⊙ 秦咸阳宫复原图

秦朝是中国绘画繁荣而有生气的时期，秦始皇虽实行文化统制，钳制学术，但绘画艺术并未停止发展。秦朝的绘画风格不仅继承了战国时期创立的写实作风和表现方法，而且还突破了商周时期的实用性、装饰性和神秘性风格的束缚，显示出了明确的表达与力量。此外，秦始皇追求奢华享乐，大兴土木，营建宫殿，而宫殿的顶梁架柱、山节藻棁、墙壁门窗都需要绘画来装饰映衬。自先秦开始，壁画日渐成为装饰宫殿、庙堂甚至墓葬等建筑的一种重要方式，秦宫遗址残存的壁画仍令人瞩目。

【汉】

从文献记载中可知，汉代的绘画艺术十分兴盛。汉武帝不仅设黄门之署，培养一大群画工，还创置秘阁，搜罗法书名画，以供鉴赏。汉代从宫室殿堂到贵族官僚的府邸、神庙、学堂及豪强地主的宅院，几乎无不以绘画进行装饰。“富者土木被文锦，贫者常衣牛马之衣”，这既是汉代社会生活状况的真实写照，也从侧面反映了当时建筑的装饰特征。

⊙ 观伎画像砖（东汉墓室内装饰图像）

在造纸术发明之前，除丝帛以外，最能施展绘画才能的载体恐怕就是墙壁了。汉代皇宫中的壁画，有文字记载的就有不少。此外，汉代兴厚葬之风，因此在墓葬中也保存了一批壁画。由于流行“事死如事生”的墓葬文化，因此墓室壁画能够大致反映墓主人生前的生活状况。

⊙ 打虎亭汉墓壁画的宴乐场景

汉代的建筑事业极为活跃，史籍中关于建筑之记载颇丰。此时的建筑特点是高台建筑减少，而多层楼阁大量增加，庭院式的布局已基本定型。除了大规模建造宫殿、坛庙、陵墓外，贵族官僚的苑囿私园也已经出现。此外，两汉在科技领域亦颇有成就，如蔡伦改进了造纸术，使其成为中国四大发明之一。

汉朝是我国低型家具大发展的时期。由于当时人们仍然是席地而坐，因此家具是以床榻类的低矮型家具为主。筵席类铺陈用具仍非常流行，但制作上比先秦时期更为精美，一般边缘部位都被包裹，而且品种样式也更加丰富多样。此外，漆艺的发展让汉代的漆木家具进入了全盛时期。彩绘的漆家具艳丽夺目，有的甚至还会以金银片、铜饰件、珠宝、玻璃等作为配件进行装饰。曾有文献记载汉代的漆木屏风“一屏风就万人之功”，可见其制作极耗费人力物力，也充分体现出汉代家具的精细与考究。胡床的出现显示高型家具开始受到欢迎，人们“席地而坐”的方式逐渐被替代，“跪”改为“坐”，解放了双腿。

⊙ 交椅

⊙ 胡床

【魏晋南北朝】

从东汉末年到魏晋南北朝时期，由于长期的封建割据和连绵不断的战争，社会生产发展比较缓慢，在建筑上也不及两汉时有那样多生动的创造和革新。但由于佛教文化的传入，魏晋时期的建筑变得更为成熟。宫廷和宗庙的建筑风格也开始多样化。这一时期各国都建造了都城和规模宏大的宫苑，宫苑布局十分注重山水自然之间的结构关系，造景引人入胜。此外，魏晋时期还有大量的寺观建筑，其中多植有树木花草，将自然景观和人文景观完美地结合在一起。

在魏晋南北朝 300 余年间，建筑结构逐渐由以土墙和土墩台为主要承重部分的土木混合结构向全木构发展，但大型建筑仍是以土木混合结构为主。此外，这一时期的建筑风格，由古拙、端庄、严肃，以直线为主的汉风，逐渐向豪放、遒劲活泼、多用曲线的唐风过渡。

⊙ 魏晋南北朝时期绘画中的家具

魏晋南北朝时期的家具一改前代的正统汉风，各民族之间文化、经济的交流，特别是佛教、道教的发展，对这一时期家具的演化起到了极为重要的作用。这个时期，人们在崇尚佛教的同时，其坐立方式的改变影响了佛教塑像的造型。胡床进一步普及，矮几有拔高的趋势，所有高型家具得到发展，为隋唐时期的高型家具的进一步发展做好准备。

⊙ ［东晋］顾恺之《女史箴图》局部

魏晋南北朝的家具种类众多，其中包括几、案、椅、凳、床、榻、步辇、屏风、布障，以及镜台、橱、箱等。由于佛教的兴盛，家具上出现了与佛教有关的装饰纹样，如墩上的莲花瓣装饰等，反映了魏晋时期尚佛的社会风气。此外，印度等地的家具装饰纹样随同佛教艺术传入，其中以莲花纹、卷草纹和火焰纹的运用最为广泛。

隋唐

隋唐时期对外交往广泛，外来的装饰图案、雕刻手法、色彩组合等，大大丰富了当时的建筑设计。同时，很多外来装饰纹样经过中式手法表现得极富特色，如当时盛行的卷草纹、连珠纹等。外来元素的搭配使用，使隋唐时期的建筑以及家具装饰显得更加绚丽多彩。由于佛教、道教的兴盛，在长安、洛阳等城中出现了大量的寺院和道观。同时，居住在城中的王公贵族，也竞相建造高大华丽的私人府邸。

隋唐是中国封建社会经济文化发展的鼎盛时期，在建筑技术和艺术上也有巨大发展。隋唐时期的建筑风格特点是规划严整、气魄宏伟，舒展而不张扬，古朴却富有活力，中国建筑群的整体规划在这一时期日趋成熟。此外，隋唐是我国家具史上一个大变革时期，上承秦汉，下启宋元，并且融会国内各民族文化，大胆吸收外来文化，因此出现了很多新型的家具，特别是高型家具继续得到发展，大大丰富了中国古典家具的内容。

⊙［唐］佚名《唐人宫乐图》

⊙ 敦煌壁画中的唐代建筑

唐代初期出现了蓬勃进取的精神风貌，长时间的战乱和流离失所，让人们的生活热情在江山统一后得以迸发。“贞观之治”带来了社会的稳定和文化上的空前繁荣。唐代家具在这样的社会背景下，显现出其浑厚、丰满、宽大、稳重的特点。虽然体量和气势都比较大，但在工艺技术和品种上都缺少变化。豪门贵族们所使用的家具种类比较丰富，尤其在装饰上非常华丽，这在唐画中多有写实体现。此时家具出现了复杂的大漆彩绘和雕花的花卉图案，从唐代敦煌壁画上除了可以看到鼓墩、莲花座、藤编墩等，还有形制较为简单的板足案、曲足案、翘头案等。

【五代】

五代时期的木构建筑留存很少，其中山西省平遥县的镇国寺大殿是留存至今的五代木构建筑。吴越国以太湖地区为中心，在今杭州、苏州一带兴建寺塔、宫室、府第和园林。南方早期的砖塔均为吴越所建，如苏州云岩寺塔、杭州雷峰塔，后者开创砖身木檐塔型，成为后来长江下游的主要塔型。其中最典型的包括杭州灵隐寺的吴越石塔，以及南京的南唐栖霞寺舍利塔等。

五代时期的建筑主要还是延续了晚唐时期的风格，但由于地方割据、多国并存，以及北方游牧民族频繁入主中原等因素的影响，其建筑的地域差异性也随之逐渐扩大。在人物画、花鸟画和山水画等绘画艺术上也都有所体现。由于社会的动荡不安，很多文人士大夫崇尚隐居式的生活，因此，山水画的创作呈现出生机勃勃的景象。

⊙ ［五代］卫贤《高士图》局部

五代时期的高型家具比唐代更加普及，同时家具的功能区别日趋明显。在家具装饰上，和唐代家具也有着明显的不同，不追求花式，趋于朴实无华。床、桌、椅、案等家具的样式都十分简洁、朴素。不仅体现出了家具体态的秀丽及装饰的简化，同时也为宋代家具步入成熟奠定了基础。

⊙ ［五代］周文矩《重屏会棋图》

晚唐至五代，士大夫和名门望族们以追求豪华奢侈的生活为时尚，许多重大宴请、社交活动都由绘画高手加以记录。五代画家顾闳中的《韩熙载夜宴图》就是个很好的例子，画面清晰地展示了五代时期家具的使用状况，其中有直背靠背椅、条案、屏风、床、榻、墩等。这些家具以完整简洁的形式，向人们预示了明式家具的前期形态。

⊙ ［五代］顾闳中《韩熙载夜宴图》局部

【宋】

宋朝的商品经济、文化教育高度繁荣。北宋风俗画《清明上河图》不仅描绘了都城汴京的繁荣景象，同时也是北宋城市经济情况的写照。在五米多长的画卷里，画家采用散点透视构图法，生动记录了北宋都城的建筑面貌和当时社会各阶层的生活状况。在《清明上河图》中，绘制了数量庞大的各色人物，牛、骡、驴等牲畜，车、轿、大小船只等。房屋、桥梁、城楼等也各有特色，体现了宋代建筑的特征。

宋朝在建筑构造与造型技术等方面都达到了很高的水平，建筑方式也日渐趋于系统化与模块化。此外，建筑物的类型丰富多样，其中杰出的建筑有佛塔、石桥、木桥、园林、皇陵与宫殿。由于追求把自然美与人工美融为一体的意境，这一时期的建筑一改唐代雄浑的特点，给人一种轻柔的感觉。此外，为了扩大室内的空间与提高采光度，通常会采用减柱法和移柱法，梁柱上硕大雄健的斗拱铺作层数增多，此外，还出现了不规整形的梁柱铺排形式，跳出了唐朝梁柱铺设的建筑模式。

⊙ ［北宋］赵佶《文会图》局部

⊙ ［北宋］赵佶《听琴图》局部

宋代建筑着力于细部的刻画，不仅一梁一柱都要进行艺术加工，而且对于装修和装饰更要着重细致处理。如一些宗教建筑中，会设计供神灵居住的“天宫楼阁”，将幻想中的极乐世界展现在人们的眼前。此外，在墓葬建筑中，出现了墓主观戏、墓主夫妻饮宴、墓主出行和回归等题材的壁画或雕刻，期望将生活中美的感受永远保存下来。这些壁画和雕刻对后来的民间图案发展有着指导性的意义。

宋代家具借鉴建筑的梁架结构，取代了隋唐的箱型壶门结构。开始使用束腰、罗锅枨、矮佬、霸王枨、马蹄、蚂蚱腿、云兴足、莲花托、马蹄脚等部件，部件之间多以榫卯结构固定，并更加关注家具的外形尺寸以及结构与人体的关系，使家具结构更趋合理。在家具的装饰上，不再重视复杂的细节雕琢，而是只在局部加以点缀。观其外简洁利落，观其内隽永挺秀，与宋人简洁朴素、注重内在的审美观更加契合。

⊙ 山西大同市元代冯道真墓壁画

⊙ 元代壁画艺术宝库——山西芮城永乐宫

⊙ ［元］刘贯道《消夏图》

元朝是中国历史上由少数民族建立的大一统王朝。由于蒙古族是游牧民族，蒙古人的居所经常是处于迁移之中的帐篷，因此室内家具大多是便携的地毯、矮脚的展腿式桌子等。虽然元代的统治者是蒙古族，但传统文化并没有中断，仍是汉制。由于这一时期的经济、文化发展缓慢，建筑发展基本处于停滞状态，整体的建筑风格显得简单粗糙。元代建筑风格粗放不羁，在金代盛用移柱、减柱的基础上，更大胆地减省木构架结构，多用原木做梁，因此外观较为粗放。

元代盛行用壁画装饰皇家宫殿和达官贵族的府邸。据文献记载，元代宫中建嘉熙殿，一些著名画家如商琦、唐棣等人曾应召为该殿画壁画。一些达官贵族为附庸风雅，也请名画家在府邸厅堂内画一些山水、竹石、花鸟一类题材的壁画。元代壁画的盛行，给一大批民间画工提供了施展聪明才智的天地，从而使唐宋以来吴道子、武宗元等人的优秀壁画得以继承和发扬。

元代家具虽沿袭了宋代家具的传统，但也有了新的发展，其结构更趋合理，为明清家具的进一步发展奠定了基础。元代匠师在承具上做了两个创造性尝试：一是桌面不探出的方桌，其外形见于冯道真墓壁画，高束腰，桌面不伸出；二是抽屉桌，桌面下设抽屉的创意，后为明代家具所继承。元代初期的家具体量往往较大，而且在造型上具有雄健豪迈的浮夸形式。蒙古族是在草原上极目千里的民族，同时由于强盛民族的扩张心理，让家具有着非常厚重饱满的外形。关于这一点，还可以在元大都宏大的规模和元青花瓷器厚大的胎体上得到印证。

元代家具的木工工艺继宋朝以后又取得新的成果，不管是部件结构的组成方式，还是装饰件的设计安排，都遵循木工制作高度科学性的要求，以合理的形式构造表达了人们对居室家具的审美观念。此外，元代家具上的雕刻，往往构图丰满，形象生动，刀法有力。常用厚料做成高浮雕动物及花卉，并嵌于框架之中，给人以凹凸起伏的动感。

【明代】

明代的建筑风格，上承宋代《营造法式》的传统，下启清代官修的工程作法。虽无显著变化，但建筑设计规划以规模宏大、气势雄伟为主要特点。明初的建筑风格与宋代、元代相近，古朴雄浑，明代中期的建筑风格相对严谨，而晚明的建筑风格则趋于烦琐。此外，由于砖的生产技术得到了改进，同时产量也有所增加，各地建筑普遍使用砖墙，府县城墙也普遍用砖贴砌，一改元代以前以土墙为主的状况。琉璃制作技术也在明代得到了进一步的提高。琉璃塔、琉璃门、琉璃牌坊、琉璃照壁等都在明代有所发展，更加彰显中国建筑色彩斑斓、绚丽多姿的特点。

⊙［明］杜堇《玩古图》

明代经济的繁荣促进了各类建筑的发展。首先是南北两京（南京、北京）和大规模宫殿、坛庙、陵墓和寺观的建成，如两京宫殿、十三陵、天坛、南京大报恩寺、武当山道教宫观等，都是明代有代表性的建筑群。曲阜的孔庙也在明朝中期进行了大规模的扩建。此外，地方建筑也空前繁荣，各地的住宅、园林、祠堂、村镇建筑普遍兴盛。

⊙［明］黄花梨六柱十字绦环围子架子床及脚踏

明代是中国家具史上的一个兴盛期，其家具形成了独特的风格，被称为“明式家具”。由于文人参与家具的设计，所以明式家具中往往夹杂着文人的意趣。明代家具各部分的比例、装饰与整体形态的比例，都极为匀称而协调。如椅子、桌子等家具，其上部与下部，其腿子、枨子、靠背、搭脑之间的高低、长短、粗细、宽窄，都令人感到无可挑剔的匀称、协调。家具各个部件的线条，刚柔相济，挺而不僵，呈现出简练、质朴、典雅、大方之美。此外，明代家具的榫卯结构，也是极富科学性。在跨度较大的局部，镶以牙板、牙条、圈口、券口、卡子花等，既美观，又牢固。时至今日，经过几百年的变迁，当时留存下来的家具仍然牢固如初，可见明代家具传统榫卯结构的实用性和科学性。

⊙［明］黄花梨夹头榫画案

⊙［明］黄花梨透雕如意纹圈椅

⊙［清］丁观鹏《乾隆皇帝是一是二图》

清代的建筑群体布局与设计已趋于成熟。尤其是园林建筑，在结合地形或空间进行处理、变化造型等方面都有很高的水平。清初平定三藩之乱以后，在康熙至乾隆时期形成了一个经济复兴小高潮，史称“康乾盛世”。这一时期产生了许多宏伟的离宫、园林及宗教建筑，特别是宫苑建造集历代造园经验之大成，规模之大也是历史上罕见的。

⊙［清］黄花梨螭龙纹五屏罗汉床

清朝的都城北京城基本保持了明朝时的原状，城内共有20座高大、雄伟的城门，气势最为磅礴的是内城的正阳门。清代帝王兴建了大规模的皇家园林，这些园林建筑是清代建筑的精华，其中包括华美的圆明园与颐和园。

由于清朝的版图较大，境内少数民族多，因此居住建筑类型特别丰富。各地区各民族由于生活习惯、文化背景、建筑材料、构造方式、地理气候条件的不同，形成了居住建筑的千变万化。同一地区和民族不同的经济地位，又使居住建筑产生了明显的差别。因此，这一时期的民居建筑以丰富多彩，灵活多样的自由式建筑居多。此外，经济的发展助长了享乐思想的萌发，因此艺术风格上的装饰主义十分盛行，并从日用生活品开始向建筑上推移，如砖雕、木雕、石雕等技艺在建筑上得到了广泛的应用。

⊙［清］黄花梨雕螭龙纹南官帽椅

清代初期的家具延续了明代家具朴素典雅的风格，在用料上更为丰盈，除硬木外还选用了优质的软木，品种上也更多。雍正、乾隆年间，是家具生产的高峰时期，贵族为追求富贵享受，在家具造型上讲究用料厚重，尺度宏大，雕饰上竭力凸显皇家的威严，纹样极其繁复，装饰手法更是史无前例。由于工艺美术的发展，清代家具通常会在装饰上采取多种材料并用的方式，这是历代家具所不能比拟的。此外，清代家具在结构上承袭了明代家具的榫卯结构，充分展现了挂销穿榫的特点。

⊙［清］紫檀卷草纹八仙桌

【第二节】

新中式风格装饰特征

一 新中式风格设计理念

其实无论在哪个时期，人们对居住环境的追求都是永不止步的。而古人的一些设计理念与思想，与现代室内设计中的简约主义有不谋而合之处，如：删繁去奢，绘事后素；宜设而设，精在体宜等。

新中式风格把古典风范结合现代人的审美和生活需求融入到了室内空间中。比如传统的中式空间尊崇排布均衡的设计原则，其四平八稳的空间格局，反映了中国自古严谨的理念。新中式风格常将引入的中式元素，进行一定程度的简化，使其以朴实现代的形式表现出来，呈现出经典而又简洁的装饰特点。

⊙ 将传统的中式元素通过简化的设计手法呈现

⊙ 中式风格家居强调人与自然融合的设计理念

新中式风格的室内空间讲究主次分明、追求合理的空间布局和家具摆设。同时非常强调人与自然的融合，注重人与空间的关系。在这种理念下，外部环境也可视为室内空间的延伸，让人在家居空间也能感受到室外的自然景致。此外，室内空间常在一些细节上勾勒出禅宗的意境，完美地将中国人内在的哲学观念展露于室内装饰中。

二 新中式风格设计特点

新中式风格虽然摒弃了传统中式风格中复杂烦琐的设计，却继承了整体空间布局讲究对称的特点。这种对称不再局限于传统的中式家具的简单对称，而是在局部空间布局上，以对称的手法营造出中式家居沉稳大方、端正稳健的氛围。

⊙ 对称之美在于和谐安宁，成对出现的装饰架寓意居家生活的和美

⊙ 新中式风格继承了整体空间布局讲究对称的特点，体现出一定的协调性

新中式风格在设计上采用现代的手法诠释中式风格，形式比较活泼，用色大胆。空间装饰多采用简洁、硬朗的直线条，例如人们常选用直线条的家具，并在其局部点缀富有传统意蕴的装饰（铜片、铆钉、木雕饰片等）。材料的选择上除了使用木材、石材、丝纱织物外，还会选择玻璃、金属、墙纸等工业化材料。这不仅反映出现代人追求简单生活的居住要求，更突显了中式家居追求的内敛、质朴的设计风格。

⊙ 将玻璃材料融入新中式风格的墙面设计

⊙ 直线条的新中式家具上加入了金属元素的点缀

在新中式风格的软装设计中，常以留白的东方美学观念控制节奏，突显出中式风格的新风范。比如墙上的装饰画、空间里的摆件等，数量虽少，却营造出无穷的意境。此外，传统物件在新中式风格空间中往往可以起到画龙点睛的作用。如用字画、折扇、瓷器、鼓凳、丝绸、木雕、民间工艺品等作为装饰。还可以采用传统家具和装饰品结合的方式装点空间，如用衣箱作为茶几、边几，用陶瓷鼓凳作为花架，用条案或斗柜作为玄关装饰等。此外，中式插花、灯笼、鸟笼等，都是新中式风格空间里常见的软装元素。在搭配时需要注意，传统装饰元素不宜过多，只需表达出中式风格的经典气质即可。

⊙ 折扇

⊙ 中式插花艺术

⊙ 石雕拴马桩

⊙ 留白之美

三 新中式风格装饰要素

❶ 木花格

❷ 传统吉祥纹样

❸ 文房四宝摆件

❹ 茶文化摆件

❺ 传统瓷器

❻ 中式题材装饰画

7 水墨山水元素

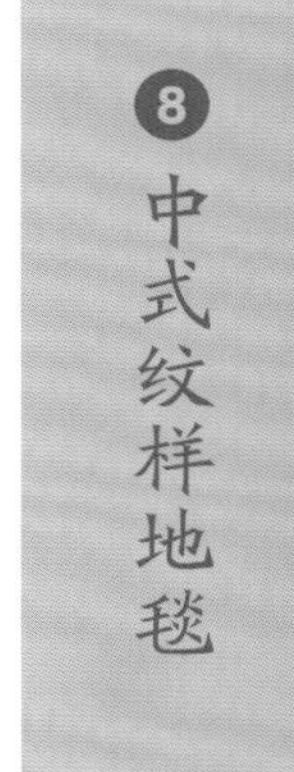

8 中式纹样地毯

11 木格栅

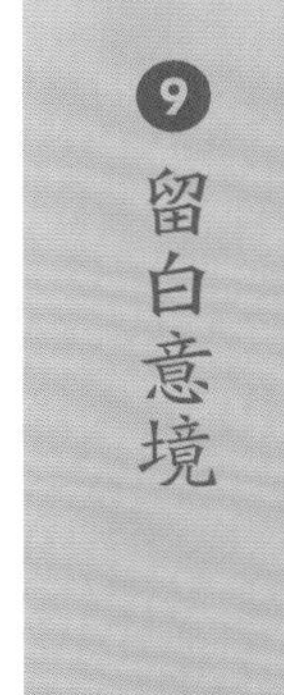

9 留白意境

10 对称布局设计

12 屏风

软装全案设计教程

新中式风格

【第二章】

新中式风格氛围表现类型

【第一节】

淡雅温馨的新中式风格

一 空间设计细节

淡雅温馨的新中式风格给人一种亲切舒适而又不失雅致的感受，减少了传统中式风格中大气恢宏带来的距离感，在保留中式文人气质的同时，更多体现温馨包容的氛围。没有厚重的色彩，而是把一切传统的色彩饱和度降低。中式线条似有若无的边界，符合中庸之道的意境。相对于传统的中式风格来说，新中式风格在空间细节上会有金属的装饰，但比例不大，以此来体现富贵饱满的质感，增加温馨氛围。

在色彩搭配上，不宜选择过于厚重的颜色，并适当降低色彩的饱和度。可选用象牙白、米色、灰色等比较包容的色彩作为基础色，以自然淡雅的蓝色、绿色作为点缀色。中国文化古韵中山水、云翳、雾霭、流岚等元素，常常以吉祥的寓意出现在淡雅温馨的新中式家居装饰中。

> 张首胜设计

邱德光设计

> 元禾大千设计

· 设计主题
Design Theme
一江烟水照晴岚

· 灵感来源
Inspiration
江南烟雨

“一江烟水照晴岚，两岸人家接画檐”。细雨如丝，薄雾如烟，在历代文人的赞美中，烟雨成了江南的符号。一些颜色淡雅、线条简约，但又不失古典气质的空间，常常让人联想到江南春天丝丝细雨，一位佳人撑着油纸伞缓缓走过。典雅温馨的新中式风格与江南的婉约气质自然契合。

· 格调定位
Style Positioning
典雅、简约、浪漫、清爽

江南的自然风物灵秀，人文蕴涵隽美，在方案的格调上要遵循选定的主题，不要偏离主题。江南给人一种温柔婉约的感觉，空间格调也应该是典雅而不失浪漫的，而且不论硬装还是软装都应该表现清爽、不厚重的特点，可选择几处与空间气质相符的点来表现。

· 色彩定位
Color Positioning

浅灰、米色、蓝色、绿色

色彩的定位上也同样遵循“江南烟雨”这个主题，可以选择雾霭、流岚、细雨的颜色，如水绿色、天青色、灰蓝色等。其实这些颜色也恰恰是中国水墨画中描绘江南题材时常用的颜色。以传统的颜色来表达传统文化的底蕴，没有任何显著的传统符号堆砌，言有尽，意无声，传达着江南特有的温婉与静谧。

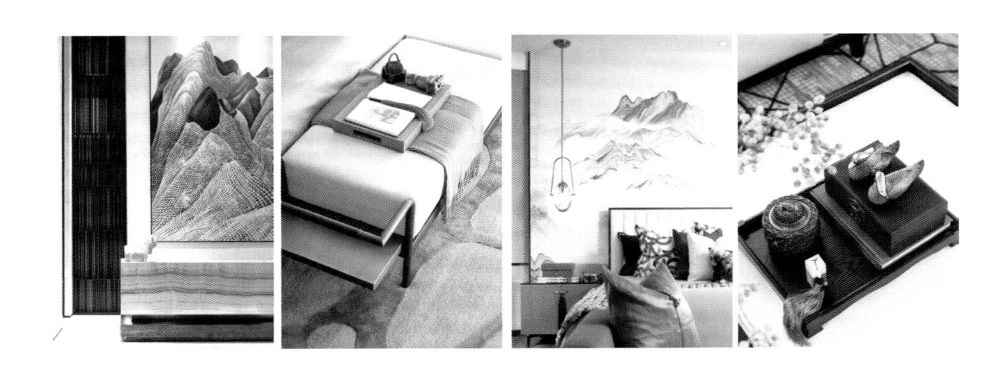

· 材质定位
Material Positioning

金属、陶瓷、皮革、丝绸、棉麻

软装陈设上选择棉麻与丝绸相结合，用以营造踏实而又不失温柔的空间气质，细节处也会用少量的皮革与金属以呈现精致干练的气质。

空间材质呈现丰富的层次感，显得恬淡可亲又更具立体感，从而营造出大而不空、厚而不重的视觉效果。

· 设计解析
Design Analysis

山茶清茗，烟岚迷蒙，细雨点染出水乡的圈圈涟漪之美，是对江南的记忆，也是本案再现江南山水的雅韵之美……

背景墙采用蓝灰色，打造江南烟雨朦胧的氛围，同时为空间增添典雅的气质。灰色调的大理石地板，保证空间的简约气质。地毯上的水墨图案为空间增添一抹流动的美感，配以丝绣显得更加精致，图案与花器上的图案呼应。装饰画与摆件用中国传统的山石作题材，运用现代的装饰手法来表现，是新中式风格惯用的手法，不失美感也能传达出中式文化的浓厚底蕴。

书房采用玻璃隔断增加空间的通透感，背景铺贴淡雅的江南山水画壁纸令空间简约而不简单。将多宝槅变形、简化，并与背景墙完美契合，内附灯带设计，既有观赏价值也有使用价值，且展示柜为木质，增加了空间的亲和力。

书案上的摆件采用以大化小的设计手法，引景入室。山水摆件与墙上的山水画相呼应，增添了空间的层次感。

餐厅采用无彩色系，绿色点缀使空间变得富有生机。棉麻材质的餐椅和桌旗为这个大理石打造的空间增添了温度，餐厅里打造一个小型的玻璃橱窗，用以摆放绿植，提升了空间的品质与格调。且绿植象征着健康与自然，本案运用设计的手法将美学与生活更好地结合在一起。

墙上的圆形挂画强调方圆结合，淡淡的墨绿色与江南烟雨的主题相得益彰，强调了新中式空间的婉约气质。

【第二节】

奢华精致的新中式风格

一 空间设计细节

奢华精致的新中式风格于传统中透露着现代气息，在保留传统中式风格含蓄秀美的设计精髓之外，还呈现出精致、简约、轻奢的空间特点。时尚中又糅合了古典风韵，让空间迸发出更多联想。整体空间的设计大胆而新颖，同时也更加契合现代人的时尚审美需求。在设计时，可以在空间里融入时下流行的现代元素，形成传统与时尚融合的反差式美感，并展现出强烈的个性。在材质运用上，虽仍以质朴无华的实木为主，但也大胆采用金属、皮质、大理石等现代材质进行混搭，在统一格调之余，又赋予新中式风格更加奢华的魅力。

此外，还可以对传统中式风格中典型且具有代表性的装饰元素进行革新与颠覆。例如对古典中式风格中常见的鼓凳，用金属或者亚克力以及玻璃材质等进行设计或加以点缀；或者用创意新颖的墙面装饰画及实物装裱画，取代传统国画，以全新的方式去演绎古韵风情；再或者彻底改变古典中式风格的配色体系，选用如玫红色、粉红色、电光蓝色、紫色等极富视觉冲击的色彩进行搭配设计。这些革新既符合传统美学，又不失现代时尚感。

> C.H.Y. 室内设计

> C.H.Y. 室内设计

· 设计主题
Design Theme

夜宴

· 灵感来源
Inspiration

古代建筑与服饰中古典奢华的皇家风范

新中式风格既立足于传统，又巧妙地融合了现代特色。它以现代元素与古典元素相结合的方式表达了人们对清雅含蓄的精神境界的追求，让传统艺术在现代生活中得以延续。

本案的灵感来源于古代建筑与服饰中古典奢华的皇家风范，其中华丽的纹样、繁复的雕饰、浓重的色彩，沉淀千年，经过岁月与历史的洗礼，仍然魅力不减，散发着浓郁的美学气息。

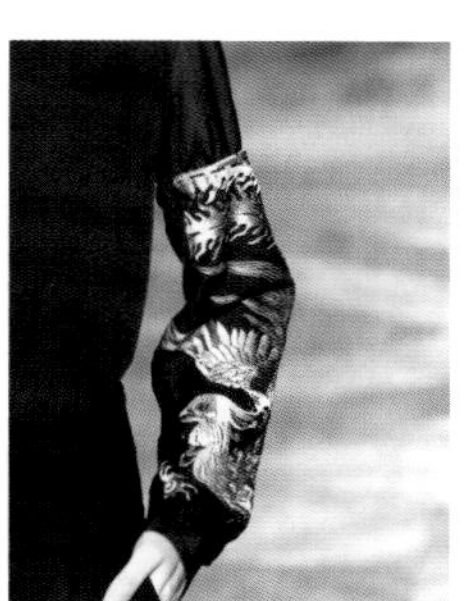

· 格调定位
Style Positioning

典雅、奢华、时尚

传统中式风格比较倾向于打造华贵富丽、雕梁画栋的艺术效果，那么“轻奢化”的新中式风格，则更显得简洁明了。不仅在格调气质上一改浮华本色，更加低调、优雅，而且打破了传统中式风格过于庄重、沉闷的氛围，使新中式风格更趋于实用，更富现代感。

在继承与发扬传统中式美学的基础上，以现代人的审美眼光来打造富有传统韵味的事物，让现代家居呈现典雅、奢华、时尚的一面，这不仅是古典情怀的自然流露，同时也展现了年轻人向往的高品质生活方式。

· 色彩定位
Color Positioning

胡桃色、青色、金色、红色

在中华上下五千年的文化积淀中，中国红可被当之无愧地称为“最具中国传统底蕴”的色彩。表现奢华氛围常用的金色，则是时尚的象征，而且它能把红浸染得更时尚、精致。相较于中国红的热烈奔放，胡桃色和青色显得沉稳雅致。将优雅的光泽倾注于新中式空间里，极致的美韵便如泉水一般汩汩流淌，诉说着新中式雅居的诗意魅力。

本案以红色作为家居的主题色彩，淋漓尽致地彰显出高贵、华丽的空间气场。哪怕是恰到好处的局部点缀，也能打造出一场别样的视觉盛宴。

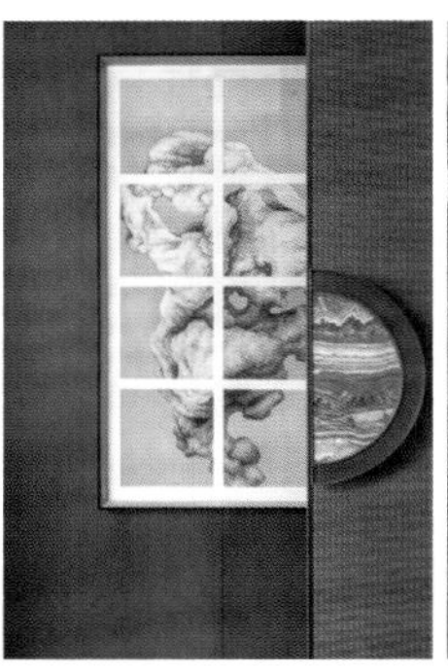

· 材质定位
Material Positioning

大理石、黄铜、丝绒、刺绣

典雅奢华的新中式风格空间中，除了以稳重深沉的实木和天然大理石为主基调之外，还大胆地采用黄铜及拉丝不锈钢材质，例如金属镂空的屏风、拉丝不锈钢吊顶装饰线条，以及皮质硬包、真丝布艺硬包或者软包等，都在被越来越多地运用。甚至会在某些位置运用手工刺绣来装饰背景墙，在统一格调之余，又赋予了新中式风格奢华的魅力。

· 设计解析
Design Analysis

客厅书柜与墙面的结合丰富了空间的层次感，书柜陈列品的摆放遵循焦点锁定视平线的原则进行了整齐划一的摆放。黄铜质感的茶几与金属色泽的灯具，锁定了空间的视觉焦点，并与空间中胡桃木、丝绒的家具形成强烈对比，活跃了空间氛围。让新中式风格多了一丝时尚、精致的韵味，同时更符合当下年轻人的审美追求。

> 昊泽空间设计

> 昊泽空间设计

现代与传统的相互渗透，造就了质感时尚、韵味悠长的新中式风格。既带有古老东方的神秘气质，亦有当今大道至简的生活理念，交织着往日的底蕴与今日的情怀，重现中式建筑的美。

> 昊泽空间设计

> 昊泽空间设计

> 昊泽空间设计

单人椅的造型是对古代圈椅进行的简化设计，空间家具的素色体现新中式风格的典雅，座椅上腰枕的图案与餐椅遥相呼应，使得它们不再是孤立的存在。不规则的茶几造型既打破了空间的方正感，又与空间中的曲线家具相呼应，使整体空间统一且富于变化。茶几上茶具的摆放与中式富含意境的插画均传达着主人“温和从容，岁月静好”的生活状态。

空间中的配饰摆件均以传统的中式元素做题材，用现代的手法进行再设计，使其既有中式的文化底蕴，又符合现代审美。

奢华典雅的新中式风格保留了古典人文情怀，同时兼具现代装修的时尚性与实用性，符合当代人们对于精致生活的向往。

【第三节】

朴实文艺型新中式风格

一 空间设计细节

朴实文艺型新中式风格可以说是复古风，通常不会使用造价过高的材质和工艺，是很受时下年轻人喜欢的一种设计手法。装饰时在保留传统的中式家具制式的基础上，叠加时尚的颜色和花纹，或者再加以做旧处理，在彰显个性的同时，又保留传统中式的韵味。完全不会让人感受到传统中式风格带来的中正和拘谨，而是给人一种朴实并具有文化底蕴的感受。

在新中式风格装饰中，不宜使用过于精致硬朗的材质和过于细腻的工艺手法，可选择以简单质朴的方式来体现，比如采用水泥墙面和地面表现朴拙的自然氛围。此外，粗糙不加修饰的原木材质也是营造质朴文艺气质的不二选择。

朴实文艺型新中式风格也可以和很多同样具有简单、年轻气质的风格混搭在一起，比如北欧风格、日式风格、地中海风格等。现在流行的民宿、小型精品酒店、网红咖啡厅等空间中，这种风格被运用的频率很高，很受文艺青年们的喜爱。

> 浣川设计

> 浣川设计

· 设计主题
Design Theme

回归

· 灵感来源
Inspiration

山村、乡野、大自然

将“回归”的概念引入设计之中，回归到自然，回归到心灵的原点。在城市生活的我们，喜欢农村的空气、水源、绿色食物，常常厌倦朝九晚五的城市生活，渴望拥抱自然。春可踏青观蝶，夏能戏水纳凉，秋尚踩叶拾栗，冬宜烤火赏雪。无论何时，人们都能在这里满足释放自我的诉求。

· 格调定位
Style Positioning

朴实、文艺、闲适、自然

以现代人的审美为基础，展开对新的生活方式的探索，也是对中式风格更新模式的一种思考。朴实文艺型新中式风格的核心概念，正是将自然环境纳入中式建筑空间体系，将地域文化融于设计，加入年轻时尚的文艺气息，给人以闲适自然的空间体验。

· 色彩定位
Color Positioning

木色、灰色、湖蓝色、靛蓝色

并不是只有大红大紫才能体现新中式风格的特点，色彩素雅和谐，在视觉上不出现大面积饱和鲜艳的色彩也是新中式的一种表现形式。本案以素雅清新的颜色为主，比如湖蓝色、靛蓝色等带有自然气息和民族气息的颜色，与粗糙的木质家具混搭，使得整个空间看起来更加清爽、通透。置身于此，既能于角角落落触及时尚气息，亦可从一砖一石中感受独有的乡土韵味。

· 材质定位
Material Positioning

旧木、陶艺、铁艺、棉麻

朴实文艺型新中式风格，除了颜色的素简，更重要的是天然材料的应用。不论硬装环境还是室内的软装饰品都应遵循传统质朴、可持续性、纯天然的原则。比如打造一些乡村民宿时常常以竹为主体材料，从竹板的墙面、手工竹编的天花板到家居软装上采用的竹编椅子或者小花器等，在视觉上形成一系列的关联。此外，原木材质以及做旧的木质家具等，都是打造这种氛围的最佳搭档，能给人轻松、自在、亲切的观感。

木的清雅、陶器的质朴、黄铜的古老韵味，都非常忠实于材料本身真实的质感，延续着古朴文艺型风格。

· 设计解析
Design Analysis

隐居山林，吟一阙岁月静好，不言悲喜只谈风月，用从容优雅的姿态去细细勾勒出理想的生活模样。

本案以水泥墙为主基调，突出简洁而纯粹的现代风格。室内以原木色木作为辅助，搭配做旧的深色中式老家具，在诠释中式古朴的同时，更具有轻松舒适的现代气息。陶罐、瓷碗、山间撷来的树枝，构成了山林的缩景，静静地抒写着乡野的印记。老木的桌椅、裸露的水泥墙壁，都极力配合这种气氛的营造。

> 谜舍设计工作室

> 谜舍设计工作室

进入餐厅，打开视、听、嗅、味、触五种感官。每一件家具、每一个设计细节，都做了细腻的处理。看似粗糙，实际上都经过设计师精心挑选。自主设计的家具、纯手工打制的餐具，甚至茶几上不起眼的茶具、花器，无一不诉说着主人的经历。

墙面上大幅与小幅的蜡染拼布挂毯丰富了空间的色调，中式的古朴与新潮在此完美交融。

简单平实的白色涂料及水泥墙，搭配原木的柔和色调，呈现出温馨、质朴的氛围。室内陈设多为设计师亲自打造的家具与精心挑选的配饰，当中也不乏取自当地的老物件。集谈天、喝茶、休憩为一体的公共客厅里，三把废弃的老木椅子在重新组装后，搭配一张造型独特的老旧方桌，显得朴实无华。

卫生间内现代化配置完善，配以经典的原木与铜元素，与粗糙的水泥材质形成反差，丰富了空间的质感。

【第四节】典雅庄重的新中式风格

一 空间设计细节

> 殷艳明设计

典雅庄重的新中式风格更多是借鉴清代风格的大气稳重，在此基础上运用创新和简化的手法进行设计，规避繁杂的同时降低传统中式风格中的厚重感，保留端庄沉稳的韵味。在继承与发扬传统中式美学的基础上，以现代人的审美眼光来打造富有传统韵味的空间，让现代家居呈现简单、舒适、大气、高雅的一面。这不仅是古典情怀的自然流露，同时也展现了现代人向往的高品质生活方式。

在色彩搭配上，会采用如红色、紫色、蓝色、绿色、黄色等传统中式风格中常用的色彩。此外，木作和家具采用褐色或者黑色等深色居多，给人以大气中正的感觉。在家具的造型上，运用创新和更为简洁的设计手法，在降低传统中式家具厚重感的同时，保留其端庄沉稳的气韵。

> 奥迅设计

> 创域设计

· 设计主题
Design Theme

诗意东方

· 灵感来源
Inspiration

气势恢宏的古代皇家建筑

五千年的文明，传承的不仅是博大精深的中华文化，更是深入灵魂的民族品质。将中国传统建筑的设计元素与现代室内设计的明朗简约风格相融合，以新中式风骨，向传统建筑致敬。抛开一味因袭守旧的思维定式，游走在传统与现代的创想之中，构就一个个意蕴绵长的生活空间。传统的端庄大方与现代的时尚情调交织共映，让人栖居在艺术的空间之中。

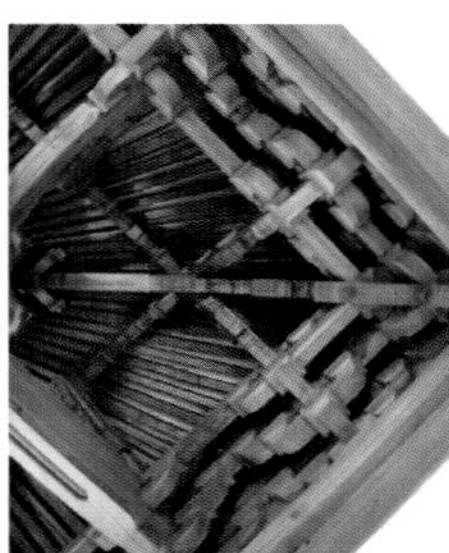

· 格调定位
Style Positioning

端庄、浑厚、典雅 、含蓄

将中式建筑元素与现代手法结合，将其运用到室内空间及软装饰品上，营造稳重、端庄的氛围。以新的形式传承古老物象的意境之美，于极简中展现中式设计的独特味道。在制作方案时，要先总结出想要实现的空间氛围，这个氛围不能脱离主题，比如我们的灵感来自中国传统建筑，那这个空间氛围就要实现一脉相承的格调氛围。除了要稳重、端庄外，还应考虑空间中要突出传统美学的含蓄与优雅。

· 色彩定位
Color Positioning

玄青色、胡桃木色、枫叶红色、象牙白色

典雅庄重的新中式风格，在配色上更趋向于富有中国画意境的高雅色系，以无彩色和自然色为主。方案中的配色选用了冷静典雅的玄青色、沉稳大气的胡桃木色、具有传统韵味的枫叶红，以及凸显气质的象牙白。

整体色调在灰白色系间，绿植的颜色和一抹淡淡的红，点亮了空间，突出了新中式意境。在方案中既要有新中式的意境，又要保证整体的色调不跳出规范的颜色范围，以确保整体空间的和谐统一。

· 材质定位
Material Positioning

胡桃木、大理石、亚光真皮、丝绸

材质选用胡桃木，返璞归真中尽显大气沉稳。亚光真皮与丝绸提升空间的舒适感。软装上以高雅的器型点缀空间，色彩深浅不一；细腻、柔和的布艺纹理抚慰心灵；富含中式古朴韵味的家具，通过饱满丰富的细节展现一个空间的精神内核与韵味厚度。本案承袭传统书画文意，汇成设计的语素，构就意蕴绵长的精神栖居地。

· 设计解析
Design Analysis

简洁的空间中，没有繁杂和冗余的造型与结构，直线感的空间给予中式艺术更多表达的余地，营造出与众不同的清雅。在整个空间及软装设计上，吸取中式古典文化的精髓，突出清新淡雅、内敛含蓄，在亦张亦弛中让你品鉴中式美学底蕴。

客厅中木质坡式吊顶是对传统中式房梁的再设计，三角结构既挑高了房梁又给人以稳固感，达到既实用又美观的效果。通透的玻璃门与挑高的房梁给人以大气中正的空间感。回字形的沙发既划分出了一个相对私密的区域，又达到一种藏风聚气的效果。

桌案上抽象的山水摆件灵气四溢，焕发无限张力，营造出“无一物中无尽藏，有山有水有乾坤”之意境。

餐厅是家人相聚之处，同时也是情感交流的场所。餐桌旁的玻璃门是半开放式的，给人一种通透感，模糊了室内外的边界，营造出“天人合一”的境界。山石与苍松的精巧景观摆件，映衬出山水画的意境，人文自然的隐逸美散落在虚实之间。一壶清茶，诗文以和，人在此间品茗、就餐、会友，浸染一身清芬茶气与悠然禅意。

开阔的门窗口弱化了墙面带给空间的封闭感，运用借景的设计手法达到“移步易景”的效果。床品重复的扇形纹图案与墙面的挂画和地板上的仙鹤地毯，形成了富有节奏的变化关系，条形隔断与扇形纹图案的床品在形式上达到统一。卧室摆件借用传统元素，使用现代材质，并用枫叶红作为点缀，营造出典雅的空间氛围。目光所及的传统配饰，无一不在诉说着古老文化的设计之美，从而塑造出一种“稳重静谧”的对称美。

【第五节】古朴悠然的新中式风格

古朴悠然的新中式风格崇尚“少即是多”的空间哲学，追求至简至净的意境，常运用留白手法。木作及家具的材料多为天然木材，体现出返璞归真的韵味。在装饰材料上，可选择原木、竹子、藤、棉麻、石板，以及细石等自然材质，不仅能与淳朴的气息形成完美呼应，还为居住者带来了贴近自然的感受。

古朴悠然的新中式空间设计注重简素之美。在居室中看不到奢华辉煌的空间陈设，常见的是清逸简约的中式家具、高古拙朴的花格门窗、素雅别致的布艺软装、清丽文质的小景摆件等。此外，还可以放置一张造型简约的茶桌，一扇高古拙朴的绢丝屏风，让其在新中式风格的空间里打造出饱含诗意以及闲情逸致的生活情调。在这样的环境里品茶，人与物、人与景之间，便有一种无画处皆成妙境的空间韵致，将“自在修禅”的情境诠释出来，体现出淡然悠远的生活品位。传达出“一实一虚一万物，一空一白一天地”的美学。

· 设计主题
Design Theme
朴素美

· 灵感来源
Inspiration
徽派建筑、自然

本案灵感来源于徽派老建筑，包括老建筑的屋顶、斑驳的墙壁，以及一些看似不太完美甚至残缺的细节。古朴悠然的新中式风格在设计上遵循自然之道，灵感也来源于人对自然的感受。设计应该不夸张、不做作、不矫饰、不违背自然规律和人性，呈现出简单安静的功能，倡导在幽静中表现对自然和人生的眷恋和思考。

· 格调定位
Style Positioning
雅致、古朴、素简、文化

在格调和氛围定位上，呈现出雅致素简的空间感受。其中少不了要融入中式的传统文化，以体现古朴的氛围。在方案的设计上，可以选择和目标风格一致的空间装饰物来诠释。比如山石、画轴、茶席及书桌文房四宝，这些元素能充分体现以上格调。

· 色彩定位
Color Positioning

木色、米色、灰色、绿色、留白

古朴悠然的新中式空间中一般呈现的颜色都是自然材质本身的颜色，如原木的木色、山石水泥的青色、绿植的绿色，此外还会有大面积留白，所以在设计方案中的色彩规划中，应找到相应风格的灵感，充分发挥各种材质在空间中的作用。

· 材质定位
Material Positioning

原木、砂石 、水泥、棉麻

在空间的规划上，应遵循古朴悠然的新中式风格的特点，以选择简单朴素的材质为宜，如原木、砂石、水泥、棉麻等。最后找到材质搭配方案。

· 设计解析
Design Analysis

古朴悠然的新中式风格，主要是运用传统文化元素将意韵融入其中，来表现空间的魅力，同时又能将现代人对于生活的理解和追求表现出来。这套案例中，家具和木作都选用朴素的原木，是打造古朴意境的新中式空间的主要设计语言。原木经过加工上色，一般不会上油漆，而是采用免漆处理，以烫蜡的工艺来表现出自然的纹理，通过朴素自然的天然材料，内敛的气息，让整个空间表现出古朴的意境。

墙面留白处理与家具的原生态气质如出一辙，充分体现了大道至简的文化精髓。看似简单纯净的设计，含蓄而低调地表现出人对世间的理解。水墨画的使用使整个空间的文化氛围更浓。淡淡的水墨，大大的留白，也是对新中式风格更深的理解。

一张条案，配以素色的茶具，无意中构造出中式韵味十足的空间，这些设计语言简单而适用，平凡而不俗，将传统文化氛围表露无遗。既把雅致的设计用于家居生活，又能使心情宁静而愉悦。

古朴悠然的新中式风格空间中，山石盆景也常被作为重要的饰品摆件出现，比如太湖石摆件常常会放在玄关处，或者做成微缩的小摆件放置在书桌上。山石在中式园林庭院景观设计中由来已久，其光芒和园林庭院中的水体、花木交相辉映，形成小中见大、咫尺千里的艺术效果。

护墙板采用棉麻与木条相结合的形式，天然的纹理和材质所呈现出的质感美，使整体空间弥漫着沉静淡然的气息。饰品在古朴悠然的新中式空间中着墨不多，却在不露声色中流淌出涓涓古韵。

软装全案设计教程
新中式风格

【第三章】

新中式风格空间配色美学

【第一节】

新中式风格经典色彩应用

新中式风格空间的色彩搭配传承了中国传统文化中“以色明礼”“以色证道”的思想，其整体设计趋向于两种形式：一种是色彩淡雅，富有中国画意境的高雅色系，以无彩色、自然色为主，体现出含蓄沉稳的空间特点；另一种是色彩鲜艳，并富有民族风韵的色彩，如红色、蓝色、黄色等。

合理搭配一些低明度的色彩，能为新中式风格的空间营造出深邃并富有禅意的氛围。由色彩渐变形成的明暗过渡，能够带来曲径通幽的视感，并呈现出一种颇为雅致的禅意之美。中式风格注重视觉的留白，有时会在局部点缀一些亮色提亮空间色彩，比如传统的明黄色、藏青色、朱红色等，营造典雅的氛围。此外，在新中式风格的空间中可以适当搭配一些具有轻奢气质的色彩，例如一些恰到好处的中性色以及金属色，可为室内环境带来华丽优雅的装饰效果。

C15 M13 Y15 K0

C0 M0 Y0 K0

⊙ 色彩淡雅类型的新中式配色方案

C0 M40 Y67 K0

C42 M99 Y90 K15

C69 M75 Y75 K38

⊙ 色彩鲜明类型的新中式配色方案

C 25 M 70
Y 35 K 0

C18 M 19
Y 16 K 0

C 65 M 72
Y 75 K 29

C 0 M 20
Y 60 K 20

⊙ 新中式空间搭配现代造型的红色餐椅，给人一种高贵的感觉

一 喜庆红色

红色在中国文化中具有重要地位，而且其使用的历史十分悠久，源自先人们对太阳与火种的崇拜。红色在周朝时便非常盛行，又称“瑞色”“绛色”。在古代，从洞房花烛到金榜题名，从衣装到住所，尚红的习俗随处可见。在京剧脸谱中，红色代表的是忠贞、英勇、庄严、威武的人物性格。

C 13 M 80
Y 43 K 0

C 0 M 0
Y 0 K 100

C 60 M 81
Y 75 K 35

⊙ 整体深色调的餐厅空间，红色的餐巾与花艺起到点缀作用

如今，红色仍是中式祥瑞色彩的代表，这个颜色对于中国人来说象征着吉祥、喜庆，传达着美好的寓意，并且其在中式风格室内设计领域的应用极为广泛。在新中式风格的空间中，红色宜作为点缀色使用，如在桌椅、抱枕、床品、灯具等处都可使用不同明度和纯度的红色。

⊙ 静谧而优雅的朱砂红，能够令人凝神静气，从容安心

⊙ 在新中式风格卧室的软装中局部使用红色，在提亮空间的同时还具有吉祥的美好寓意

⊙ 餐椅与窗帘上的那一抹红相互呼应，与棕色、白色等共同凝练出诗情画意的境界

中国红

琥珀色

> 燕西书院

[中国红 + 琥珀色]

在空间中使用不同面积的红色，能营造出不同的效果：面积大一些，能传达出热烈的张力和奔放的态度；面积小一些，则让空间多一分精致；作为点睛之笔亦能为空间添彩。如将此案例中的红色忽略，则空间中的背景墙面、木格栅以及地面，都运用了琥珀色进行延展，整体色彩的表达统一而高级。

红色在这个空间中，既可看作主体色，也可看作点缀色。虽然饱和度高，却非常协调，毫不突兀，因为红黄互为邻近色，同属暖色系，并且使用的面积也不大。在这样一个以琥珀色为背景色的空间中，高饱和度的红色为空间带来了新鲜、热烈的氛围，让这个聚餐空间有了仪式感。

新中式配色设计氛围解析

喜庆红色 02

【中国红 + 青灰蓝】

本案是一个有着中国风气质的卧室空间，从空间的色彩结构来分析，墙面背景色由原木色、白色和红色组成。主体家具以及地毯的色彩和背景色相统一，青灰蓝的床品为空间制造出了丰富的色彩层次。原木色和米白色是空间中面积占比最大的颜色，在这样的基调下，红色的运用让空间的中国风气质显得更为浓厚。

如果在卧室空间大面积使用红色，容易造成视觉疲劳。而搭配原木色系的木饰面，则为空间带来自然轻松的感觉，青灰蓝作为红色的对比色，稀释了红色带来的浓烈感。同时，床品的丝质面料传达出精致典雅的质感，与红色给空间带来的典雅、娟秀气质一致。空间中的每个色彩相互呼应，相互衬托，因此整个卧室空间显得十分和谐、舒适。

新中式配色设计氛围解析

喜庆红色 | 03

中国红

深褐色

> 印象空间

[中国红 + 深褐色]

中国红搭配深褐色，是中式风格中的经典配色，能营造富有仪式感的氛围。在本案中，书柜和书桌同为深褐色，红色作为背景色运用在书柜中间，给书房带来传统的仪式感，空间中还搭配了一些点缀色，比如金色的吊顶、笔架、茶壶盖、小雕塑，以及水蓝色的书籍、透明的玻璃装饰品等，点缀色让空间更灵动。

值得一提的是，从上面的照片上可以看到本案两边的侧墙都是白色的，抛开照片局部的这一个面，想象整个空间的样子时，会发现背景色深褐色和两边的白色在用色上的衔接有一些生硬，倘若把白墙的颜色换成与深褐色同属一个色系的象牙白或者米灰色，空间会更具整体感。

二 尊贵黄色

在中国古代，黄色有着特殊的意义，它象征着财富和权力，是尊贵和自信的色彩，并且明黄色曾经是皇族的专用色。黄色本身还具有浓重的宗教气息，以至于从佛教建筑到僧侣服饰以及寺院装饰都会用到此色。天坛的祈年殿有三重檐，其中中檐便使用象征土地的黄色琉璃瓦。

自古以来人们对黄色有着特别的偏爱，黄色与黄金同色，被视为吉利、喜庆、丰收、高贵的象征。所以黄色也被广泛地应用于新中式风格的家居空间中。

⊙ 局部点缀明黄色抱枕，简约之中透着十足的贵气

⊙ 地毯上的黄色纹样与金边搭毯形成呼应，给卧室空间增添吉祥富贵的气息

黄色予人尊贵之感，虽然鲜亮却并不浮夸，黄色和红色一样，运用恰当能让室内空间充满仪式感。

在新中式风格的空间中，通常会使用饱和度较低的淡黄色小件家具、饰品、布艺等元素作为点缀，给空间增添更多活力。

⊙ 黄色运用在如同浅淡水墨画的空间中需要降低明度，才能更好地衬托烟雨江南的朦胧美感

⊙ 黄色和绿色为一组邻近色，两者降低明度后让整个画面显得十分柔和

［深褐色 + 缃色 + 中国红］

深褐色

缃色

这是个极其传统的餐厅空间，从装饰细节上来看，回字窗格、深褐色背景墙、拼花瓷砖，以及有着繁复雕花镂空细节的餐桌，无不透露着浓浓的中式风。空间中的用色气质和造型气质相互呼应，深褐色占据了空间的大部分面积，从背景墙、门，到主体家具餐桌、餐椅的腿部，深褐色的沉稳感为空间带来强大的稳定的气场。

缃色和中国红的加入，为空间带来富贵之感。餐椅运用缃色的皮革面料，椅背的皮革做了精雕细琢的花卉纹样，背景墙在深褐色的基调下，加入中国红作为底色，墙上花卉的图案与餐椅椅背的花卉纹样相互呼应。在这样一个用色深沉的空间中，加入古时象征身份和地位的红、黄两大色系，将空间内的皇家气质展现到了极致。

> 天恒装饰设计

新中式配色设计氛围解析

尊贵黄色 | 02

[细色 + 靛青色]

细色是黄色系中的一种颜色，是一种中国传统颜色。在中国古代，黄色是一种尊贵的颜色，象征着财富、身份和地位。如今在中式风格的家居中，也常用黄色来展现尊贵感。在这个空间中，背景色是由浅褐色和白色组成，床头背景墙和木地板用色统一，在统一的空间背景色下，主体家具和地毯运用细色，以小面积靛青色点缀，增添了空间的色彩层次。同时，大面积运用饱和度较高的两种色彩，能营造出浓烈开放的空间氛围。地毯、抱枕和搭毯的纹样图案，不仅丰富了整个空间的表达内容，还象征着皇家的尊贵。

新中式配色设计氛围解析

尊贵黄色 | 03

细色

蓝色

[缃色 + 蓝色]

在新中式风格的家居空间中，大面积使用黄色能带来尊贵感，传递皇家的如虹气势；而小面积使用黄色，则能给空间带来新的美感，更像阳光的照拂，为空间带来暖意。在这个空间中，背景色由白色、浅褐色和深褐色组成，主体家具的颜色和背景色一致，整体色彩和谐统一。点缀色是缃色和蓝色，用缃色的陶瓷凳、桌旗、装饰画点亮空间。书柜装饰壁纸和装饰画上的蓝色，则给空间带来写意的舒适感。由于本案是中式风格的空间，其家具、墙面硬包和书柜、书桌椅的质感都有些沉闷。因此，适当地运用点缀色进行装点，能让空间显得更加温暖。

三 深邃蓝色

中国古代称蓝色为“青色”，蓝色是理性之色，也是情绪之色。古代文人墨客对蓝色的观察和形容有不少记录：杜甫在《冬到金华山观》里写“上有蔚蓝天，垂光抱琼台”是冬日里澄净的蓝；韩驹在《夜泊宁陵》里写“茫然不悟身何处，水色天光共蔚蓝”是夜色中静穆的蓝。古代的蓝色服装往往是给平民穿戴的，所以蓝色染料的需求量极大。可用来提取蓝色染料的植物也有多种，被古人统称为“蓝草”。

蓝色作为冷色系，与新中式风格相结合，旨在打造精致或清冽的家居氛围。在新中式风格的空间里，经常会搭配一些瓷器作为装饰，如蓝白色的青花瓷，其湛蓝的图案与莹白的胎身相互映衬，典雅而唯美。同时，青花瓷的蓝色又名“皇帝蓝”和“国王蓝”，蓝色寄托于物品之上的运用，使其有着雍容华贵的美。

蓝色的表达是深邃的，有着不可言说的美丽，无论东方还是西方，青花蓝皆是高贵与时尚的象征。

⊙ 清浅的蓝色山水画背景与同色系的床头柜、床搭等相搭配，意境悠远，令人陶醉

⊙ 饱和度高的蓝色床头柜，让印象中总是暗沉的中式空间变得活泼起来

C 66 M 36 Y 16 K 0	C 62 M 85 Y 90 K 51	C 6 M 23 Y 44 K 0	C 22 M 78 Y 60 K 0

⊙ 沙发、地毯、花器、抱枕上不同色度的蓝色让空间具有层次，配以无处不在的金色，让空间显得尊贵、优雅

C 95 M 85 Y 27 K 1	C 23 M 32 Y 81 K 0	C 59 M 69 Y 68 K 13	C 38 M 42 Y 52 K 0

⊙ 蓝色水墨山水画的床头背景营造出一种清幽宁静的氛围，一抹明黄的出现起到画龙点睛的作用

新中式配色设计氛围解析

深邃蓝色 | 01

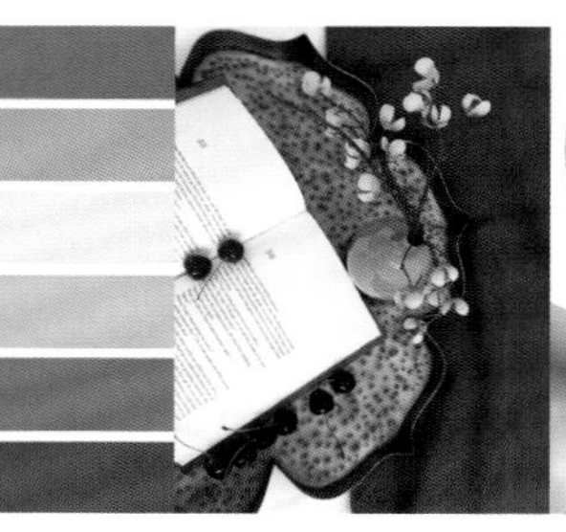

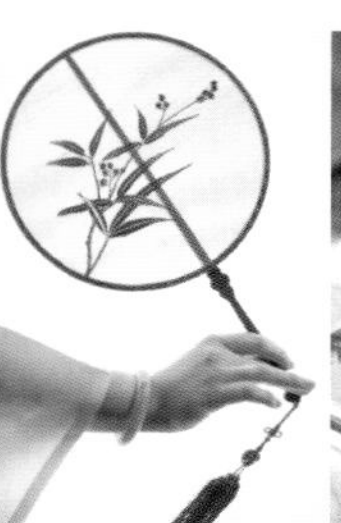

原木色

[靛青 + 原木色]

靛青又名“蓝草”“靛蓝”，多用于印染织物。靛青印染是我国民间的一种传统工艺。靛青色与自然色系搭配有着民族风情的美感。在这个空间中，以白色和原木色搭配作为背景，靛青色则作为主体色，被运用在床品和床头墙面装饰纹样上。由于床尾凳和床品的面料不同，让聚集在一起的靛青色有些许不一样，显得精致且富有层次感。白色抱枕和床尾凳原木部分穿插在靛青色中，带来透气感，同时与背景原木色墙面呼应。原木色与靛蓝的搭配清爽舒适，而床头墙面的靛蓝色纹样，则为空间增加了一丝灵动感。

新中式配色设计氛围解析

深邃蓝色 | 02

青花蓝

暖橙色

【青花蓝 + 暖橙色】

这是一个用色考究、浓淡适宜、搭配有章法的空间，奢华得刚刚好。青花蓝和暖橙色的用色比例，给人的直观感受好像是青花蓝的比例更大，但就色系来说，暖橙色属于橙色系，空间中的橙色系包裹住了青花蓝，青花蓝因此被映衬得更加精致、典雅。

空间的背景色以暖色系为主，床头墙面的米色系与地板偏红的咖啡色系搭配，具有稳定感；主体家具的颜色是米灰色的，床和地毯选用的浅色系提亮了空间。在米色系的基调下，青花蓝运用在床头墙面的山水图案、床上的抱枕和搭毯以及床头柜上，有着极美的装饰效果。床头背景的大幅山水画，以及抱枕和地毯上的写意图案，明确了空间的主题内容，与其呼应的还有边柜上的图案纹理、水晶吊灯、床头柜上的蓝灰色的皮革。运用一组对比色系和细腻精确的细节表达，让卧室空间的中式情调更加浓郁、温暖。

新中式配色设计氛围解析

深邃蓝色 03

【青花蓝+金色】

典雅的青花蓝，是中式风格中极具代表性的颜色，常将其用来表现宁静祥和的氛围。在这个居室空间中，整体色调是明朗的，用米灰色作为背景色，主体家具的颜色是大面积的浅色系，加上空间层高比较高，感觉非常开阔。青花蓝作为主体色和点缀色，运用在单人沙发、窗帘、抱枕和地毯上，衔接过渡非常自然，丝毫没有突兀之感。

在本案的色彩搭配中，完美地处理了黑、白、灰、青花蓝之间的色彩轻重关系。较浅一点的蓝，如单人沙发，和空间中的浅色相呼应；较深一点的蓝，如窗帘，和空间中的深色相呼应。整体空间的色调和谐统一，而且能感受到青花蓝的典雅和仪式感，给家居生活带来不一样的感受和体验。

四 白色优雅

白色是一种素色，古代人们把白绢等都称为“素绢”，如常说的“素衣朱绣”。白色有很多种，人们认为玉器的白色最为高贵美丽，中国自古崇尚玉色。

传统美学无论在书画上还是诗歌上，都十分讲究留白，常以一切尽在不言中的艺术装饰手法，引发人们对空间美感的想象。白不单单是一种颜色，更代表一种设计理念，可以制造空灵、安静、虚实相生的效果。棋盘上如玉般的白棋子，写意山水画所使用的生宣，手工编织而成的棉麻绢布等中式元素都带着清透浑然的质感。

在新中式风格中运用白色，可呈现出自然、素简、闲寂、幽静的空间意象，给人以目无杂色、耳无杂音、心无杂念之感，是展现优雅内敛与自在随性格调的最好方式。装饰时，可搭配亚麻、自然植物原色等，让整个空间充满通透感，并饱含“采菊东篱下，悠然见南山”的诗意。

C0 M0 Y0 K100	C0 M0 Y0 K0	C41 M42 Y42 K0

⊙ 空间以黑、白为主基调，带着写意水墨气质，既有古典文化的内涵，又有现代时尚元素的亮点

C9 M7 Y5 K0	C19 M29 Y38 K0	C50 M25 Y15 K0

⊙ 优雅的米白色搭配原木色，营造出一种极其雅致的空间氛围

C 65 M 56
Y 51 K 2

C 0 M 0
Y 0 K 100

C 0 M 0
Y 0 K 0

⊙ 空间延续了中式风格对称的理念，墙面的留白处理强调了艺术意境的营造

C 0 M 0
Y 0 K 100

C 0 M 0
Y 0 K 0

C 35 M 56
Y 59 K 2

C 48 M 87
Y 65 K 9

⊙ 舒缓的意境是中式风格独有的设计特点，而黑、白、灰常常是成就这种意境的最好手段

新中式配色设计氛围解析

优雅白色 | 01

白色

原木色

蓝紫色

[白色+原木色+蓝紫色]

白色作为无彩色系，在空间中虽不像其他颜色，能够带给人或浓烈或舒缓的情绪体验，也不像灰色，能给空间带来时尚的高级感，但白色能够制造出来的悠扬的空灵感也是其他颜色表达不了的。

在现代中式的空间中，白色作为大面积的背景色，和主体家具的色系一致。为避免白色面积过大，用黑色线条在墙面上做了分隔的设计。同时，家具的木作也有线条流畅的细节，和墙面的艺术线条相互呼应。地面的米灰色和局部墙面的原木色色调一致，上轻下重的配色关系，让空间更有平衡感。点缀色是电视墙上的蓝紫色壁纸以及沙发上的装饰抱枕，蓝紫色是中性色，高贵又略带暖意，而且与原木色和白色形成互补关系，丰富了空间中的用色。

[铅白 + 原木色]

铅白

原木色

铅白是带一点灰度的白，将其和原木色搭配在空间中，能形成一种很自然的美感。在这个空间中，背景色的铅白和原木色搭配，定义了自然、质朴的空间基调。主体色由铅白、深灰色组成，和背景色一致，亚光的深灰色，给空间带来了稳定感。慵懒的家具形态，似乎有一种吸引人坐下、让人休息片刻的魔力。植物淡淡的绿色则作为点缀色，让空间显得更加优雅恬淡。

墙面上有群山、飞鸟元素作为装饰。飞鸟不仅象征着自由，还带来了动态的美感。同时，飞鸟的设计和沙发上抱枕的皮革材质，为原本自然的空间带来了时尚和轻奢的气质。来到这里像是走进一个自然灵动、不喧扰的空间。

铅白

原木色

【铅白 + 原木色】

在这个卧室中，整体色调温和统一，几乎只运用了铅白和原木色，通过这两个颜色，对空间的明暗关系做了表达。衣柜柜体内的阴影和顶面天窗形成的阴影，构成了空间的重色，这个重色不具体、不固定在某件物品上，而是随光影而变幻。但正因如此，才给卧室空间带来非常灵动的自然感。

墙面散落着叶子和蝴蝶形状的三个小挂件，像是从天空或树上飘落下来的，星星点点，虽然毫无章法，却又极具美感地呈现在墙面。空间里的一切陈设都像是自然而然的，没有丝毫刻意的装饰，充满诗意，美得正好。

五 紫色高贵

在中国传统色彩中，紫色是一种高贵优雅并且象征吉祥的颜色。春秋战国时期，紫色便出现在了国君的服饰上。南北朝以后，紫袍成为高官的公服，有诗曰“紫袍新秘监，白首旧书生”。到了唐朝，人们更是崇尚紫色，甚至规定亲王及三品官员以紫色为常服的颜色。此外，紫色一度为皇家所用，成为代表权贵的色彩。“紫微星”“紫禁城”“紫气东来”都和富贵权力有关。

在现代设计中，紫色仍是室内空间经常使用到的颜色，薰衣草紫色、淡紫色、紫灰色等都能在新中式风格家居中营造出典雅高贵的空间氛围，它们让空间在视觉上显得更为灵动。用紫色来表现优雅、高贵等印象时，要特别注意纯度的把握，通常低纯度的暗紫色比高纯度的亮紫色更为适合。

C 55 M 81 Y 67 K 15	C 0 M 0 Y 0 K 100	C 58 M 47 Y 45 K 0

⊙ 紫色的点缀让黑白灰的空间在视觉上出现了一个集中的亮点

C 58 M 68 Y 45 K 2	C 56 M 52 Y 53 K 1	C 77 M 75 Y 75 K 47

⊙ 富贵紫的床品营造了浓郁的中华传统文化氛围，在暗金色的点缀下更显得贵气

C 29 M 53 Y 25 K 0	C 66 M 68 Y 69 K 21	C 70 M 62 Y 53 K 5

⊙ 紫气祥云的空间主题，营造出蕴含传统文化的意境

C 49 M 62 Y 48 K 0	C 65 M 73 Y 87 K 39	C 33 M 27 Y 72 K 0

⊙ 紫色的装饰画将空间点染得雅致起来，并且可以有效中和大面积暖木色带来的暖燥感

新中式配色设计氛围解析

高贵紫色 | 01

【雪青色 + 咖啡色】

雪青色又叫“紫罗兰色”，紫色中带一点点蓝，这个颜色给人的感觉非常温柔，是偏女性化的颜色。在这个居室空间中，背景色选用了雪青色，搭配墙纸上的花卉植物图案，给空间带来温柔的舒适感。护墙板的咖啡色、主体家具选用的咖啡色系，以及墙面画框的木色、装饰抱枕上的金色、地毯上的黄色，都是空间中小面积的点缀色，点缀色在色系上和主体色统一。

雪青色搭配咖啡色，能产生一种互补的配色效应，咖啡色属于黄色系，黄色与紫色是互补色，所以这个空间的用色开放度是很高的。木质护墙板和家具的咖啡色和布艺的亚麻色系，中和了空间里柔和的雪青色。两种颜色相互独立又相互融合，营造出和谐的氛围，让人置身于空间中时，感到惬意又温暖。

> 辛视设计

[绛紫色 + 金色]

绛紫色是中国的传统色彩名称，暗紫中略带红，给人带来坚韧古典的感受。将绛紫色用在中式风格的室内空间，能给空间带来庄重高贵之感。如果再搭配上一些金色，则更能彰显空间的华贵气质。

在这个空间中，背景色由白色和深褐色组成，深沉的褐色所奠定的空间基调是沉稳的、偏传统的。在主体色上，运用黑、白、灰和绛紫色，与背景色相呼应，没有选用很浅的紫色，也没有选用饱和度很高的中国红，用带有灰度的绛紫色，为空间营造出一种高级的、低调的美感。此外，地毯的祥云图案、长凳的黑白水墨图案、窗帘装饰的绛紫色中式纹样，以及边柜上方的艺术装饰画，通过恰到好处的细节营造出浓郁的中式氛围。灯具选择的是传统造型的水晶灯，用水晶和金属的材质提升空间的品质。

六 自然绿色

绿色是源于大自然的颜色，能给人以宁静而平和的视觉感受。在中国的传统绘画艺术中，经常会在树木、植物、远山等元素上使用绿色作为配色，以此来展现画面的自然意境。

将绿色运用在新中式风格的室内空间里，能让整个居住环境显得更富有灵性，同时也增添了一抹清新的自然气息。此外，绿色与原木色都是来自于大自然的颜色，因此是非常契合的搭配。将这两种颜色作为新中式风格空间的色彩组合，显得清新脱俗、别具一格。这与现代忙碌的都市人所追求的悠然自得、闲适放松的心态相契合。

C9 M7 Y5 K0	C19 M29 Y38 K0	C50 M25 Y15 K0

⊙ 墨绿色与金色作为空间的主体色同时出现的时候，低明度对比高明度，冷色对比暖色，恰到好处地营造出一种低调高雅的气质

⊙ 高明度绿色与白色的结合显得清新自然，这两种颜色搭配在一起让整个卧室环境显得更富有灵性

C62 M29 Y39 K0	C0 M0 Y0 K0

C 68 M 12
Y 39 K 0

C 42 M 33
Y 26 K 0

C 0 M 20
Y 60 K 20

⊙ 玻璃、金属材质，以及现代造型的家具赋予空间轻奢氛围，非常适合搭配唯美的孔雀绿

C 75 M 15
Y 51 K 0

C 32 M 87
Y 75 K 1

C 0 M 20
Y 60 K 20

⊙ 绿色沙发与装饰画的色彩形成视觉上的鲜明对比，金色的加入给空间带来一种轻奢精致感

新中式配色设计氛围解析

自然绿色 01

松柏绿 牙色

【松柏绿 + 牙色】

这是一个用色非常唯美的室内空间，让人不禁驻足、放松。哪怕空间中有较为鲜艳的松柏绿作为映衬，也不妨碍白色带来的清透感。松柏绿如同山间的风，让这个宁静的空间清风拂面。背景色是极简的白色，主体家具的颜色以白色和牙色为主，牙色属于自然色系，能带来舒适的休闲感。黑色穿插在其中，让空间不会有轻飘飘的感觉，点缀色是松柏绿，绿色的自然感与白色和牙色带来的休闲感一致，松柏绿艺术装饰品的纹样及质感，与局部黑色带来的重量感相互呼应。

松柏绿在空间中起到了重要的点睛作用。由此可见，打造更具休闲感的中式空间，同样也可以大胆使用有仪式感、较为鲜艳的颜色。从材质、面积比例上去控制颜色的使用，能让空间的设计表达更加精彩。

新中式配色设计氛围解析

自然绿色 | 02

青碧色 褐色

【青碧色 + 褐色】

“泉水潺潺，明月皎洁”，是这个空间给人的第一感觉。在这个以褐色为主的空间里，青碧色的美，如清泉，如明月。空间背景由白墙、黄色的灯光和褐色屏风组合而成。屏风有着似山似水的造型结构，虽大面积是略微沉闷的褐色，但因深浅颜色的变化，却也显得透气、富有韵味。主体家具、地毯的用色和背景色保持一致。青碧色是空间里的点缀色，不仅增加了空间中的用色层次，而且将其运用在装饰抱枕、艺术画和花艺上，呈现出一种对称的美感。

屏风主视点上的青碧色是空间的点睛之笔，装饰画上的图案造型灵动，颜色轻盈，打破了大面积褐色带来的沉闷感。此外，空间中对称的灯罩、单椅上的丝质坐垫和靠枕，以及地毯的用色，都属于偏冷的中性色，这些颜色与空间中的青碧色相呼应，给人别致、惬意的感觉。

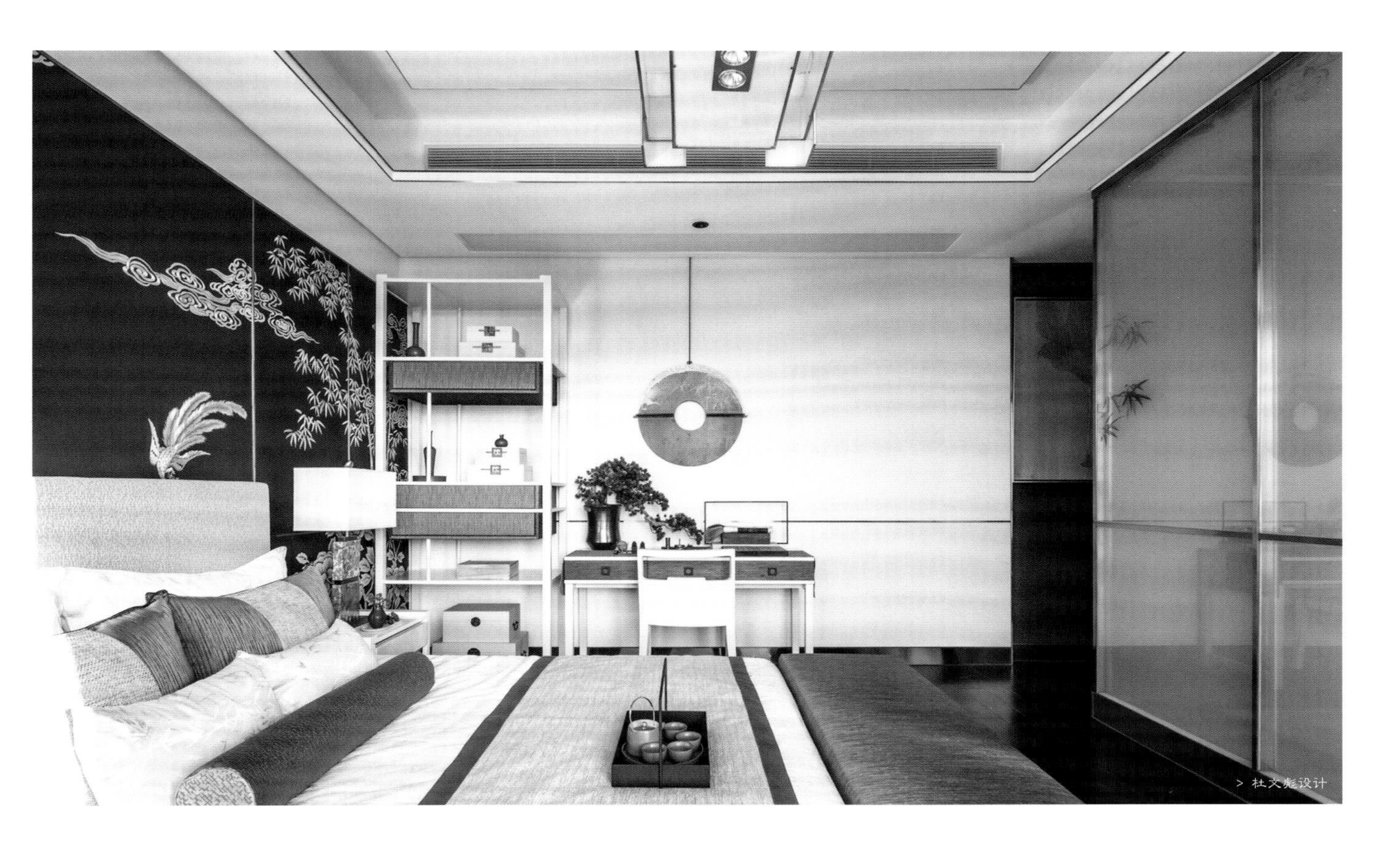

【翡翠绿 + 浅香槟金】

翡翠绿

浅香槟金

翡翠绿和浅香槟金组合是现代中式风格中典型的色彩搭配，翡翠绿天生自带尊贵感，和浅香槟金色搭配在一起，能给空间带来轻奢时尚的感觉。在这个空间中，翡翠绿主要作为背景色用在主体家具上。有祥云图案的翡翠绿墙纸，让床头背景墙成为空间中最具装饰性的亮点，也是空间中的点睛之笔。在有了内容丰富的墙纸以后，空间中其他部分的软装陈设则需适当弱化，避免出现因空间中亮点太多，而失去了主次的情况。

主体家具和装饰壁挂运用了翡翠绿，和床头墙面的用色一致，和谐统一。用白色、浅灰色和中灰色的墙面、床、床上用品、衣柜柜门来表达空间中的留白，不喧宾夺主，空间的主角用色明确直接。浅香槟金带来的精致感，增加了空间中的贵气，两种颜色搭配营造出大气精致的新中式氛围。

七 理性灰色

提到灰色，人们最先想到的大概就是城墙的青灰色调。灰色给人以柔和、高雅而含蓄的感觉，是万能色，可以跟任何一种色彩搭配。合理运用灰色，能够彰显出新中式风格的现代时尚感以及设计品位。

中国传统家具的设计造型稳重端庄，静雅大方。灰色的现代感与古典家具的木色相结合，中和了古典家具给人带来的距离感和中正感，让整体的空间氛围显得更为轻松。若适当搭配一些其他色彩的挂画或软装饰品，则能为雅致理性的中式空间带来一丝灵动活泼的视觉动感。灰色不仅可运用在墙面或地面，也可融入挂画或屏风，例如将灰色系泼墨山水画作为点睛之笔，无疑是一种文雅至臻的装饰法。

C 65 M 56 Y 52 K 3 | C 70 M 72 Y 76 K 36 | C 56 M 27 Y 27 K 0

⊙ 低饱和度色彩的应用让空间显得淡雅温馨，灰色系的床品与窗帘最能体现中式谦逊内敛的优雅风度

C 58 M 49 Y 38 K 0 | C 62 M 42 Y 20 K 0

⊙ 将高级灰运用于新中式空间设计中，可以体现充满东方神韵且富于内涵的美感

C 62 M 55 Y 55 K 2	C 72 M 68 Y 69 K 27	C 50 M 60 Y 78 K 5

⊙ 将墙面的灰色作为背景色衬托深棕色的实木家具，形成了古朴幽雅的中式美学语言

C 74 M 66 Y 62 K 18	C 59 M 59 Y 72 K 8	C 74 M 52 Y 94 K 12

⊙ 灰色调空间将现代元素与传统文化进行融合，表达极简之美的同时又注入了传统韵味的意境

新中式配色设计氛围解析

理性灰色 01

浅灰 黛蓝

[浅灰 + 黛蓝]

浅灰与黛蓝，是能给空间带来清冽感的色彩组合。当这样的色彩组合运用在中式风格的空间中时，能带来另一种高远、深邃的意境和氛围，让人感受到宁静。在这个空间中，背景色和主体色都是灰色调，家具的木质部分和边柜上的装饰罐都是黑色的，面积虽小，但让空间在色彩上有了深浅的层次关系。

黛蓝色作为点缀色，所占的面积是比较大的，且处于视觉中心的位置，由于其色彩明度低，和空间中的黑色相互呼应，增加了空间的稳定感。地毯和小件装饰品沿用了黛蓝色，让装饰画的黛蓝色不孤立和突兀。边柜腿部的金色面积极小，和装饰画的蓝色做了色彩的对比呼应，让空间更加精致动人。

[浅灰 + 绛紫色]

在这个空间中，背景色和主体色皆为黑白灰色系，大面积的用色整体统一，浅色的墙面和深色的地面，通过上浅下深的搭配手法让空间具有稳定感。沙发墙的局部用深灰色的屏风装饰，让墙面和地面有了自然的过渡和衔接。

在整齐的黑白灰用色关系中，运用了不同的材质，如墙面的皮革硬包、餐椅的丝质面料，以及餐厅吊灯的烟灰色玻璃灯罩。材质的变化不仅丰富了空间的层次，也增加了整体空间的品质感。此外，在这个无彩色系的空间中，点缀色绛紫色将空间点亮，并给空间增添了人情味儿。因此空间不只是统一、有品质的，更多了一分情感的寄托。

暖灰色

灰褐色

［暖灰色＋灰褐色］

这是一个用色极其统一的空间，当暖灰色大面积运用在墙面、床上时，空间有一种温润的、静止的美感。墙面和地面的色彩保持了上轻下重的平衡感，主体家具、床、羊毛搭毯与地面色彩一致，边柜与墙面色彩一致，床面以及床尾凳的白色，让空间显得清爽通透。

花艺以及装饰画的颜色，在空间中若有似无地呈现，丝毫不影响整体空间的安宁感。空间中的暖灰色与灰褐色色调一致，但明度的不同让这两个颜色在空间有轻重的平衡关系，空间整体和谐统一，但高级感十足。

八 庄重黑色

黑色在色彩系统中属于无彩中性色，它可以庄重，可以优雅，有时甚至比金色更能演绎极致的奢华。中国文化中的尚黑情结，除了受先秦文化的影响，也与中国以水墨画为代表的独特审美情趣有关。

黑色在中国色彩审美体系中具有崇高的地位。此外，人们对黑色的崇尚蕴含着随和与宽容的心态特点，这种无限的包容性使其更具深邃的魅力。

C0 M0 Y0 K100	C0 M0 Y0 K0	C65 M55 Y49 K2

⊙ 在新中式空间中，寥寥几笔黑色就勾勒出了如同水墨画一般的画面

C0 M0 Y0 K100	C49 M72 Y55 K3	C72 M46 Y80 K6

⊙ 空间在整体的色彩选择上以庄重的红、黑为主，体现了中式文化的深沉、厚重

将小面积黑色运用在新中式风格空间中的细节处，再搭配大面积的留白处理，于平静内敛中吐露着高雅的古韵。同时这种配色又和中国画中的水墨丹青相得益彰。比如在新中式空间的吊顶上以黑色细线条作为装饰，或者在护墙板上加入黑色线条，这些装饰手法让整体空间层次更加丰富的同时，又赋予空间一种古朴素雅的气质。

⊙ 以黑色表现的新中式风格空间具有平静内敛的气质和高古雅致的氛围

⊙ 以黑、白、灰的结合来表现新中式风格，于形于神，都在将写意背景烘托入境

新中式配色设计氛围解析

庄重黑色 01

黑色

米灰色

【黑色 + 米灰色】

在中国的传统色彩中，黑色具有丰富、鲜明而又独特的文化内涵。将黑色作为主要的用色，用于空间中，能带来静谧、庄重之感。在这个空间中，背景色是米灰色，主体色是米灰色和黑色，点缀色是面积非常小的胭脂红。

黑色和浅色搭配组合，非常容易塑造出力量感和稳定感，是经典的配色组合。这个空间中的黑色集中在人的视点下方，主要运用在家具木作和茶几上，设计者用视点上方的黑色装饰画，为家具的黑色找到了平衡，画面内容以黑色为主，若隐若现的灰色，和花卉的红色让空间更显灵动。空间通过色彩、图案肌理和材料的质感传达中式意境，值得细细品读。

新中式配色设计氛围解析

庄重黑色 | 02

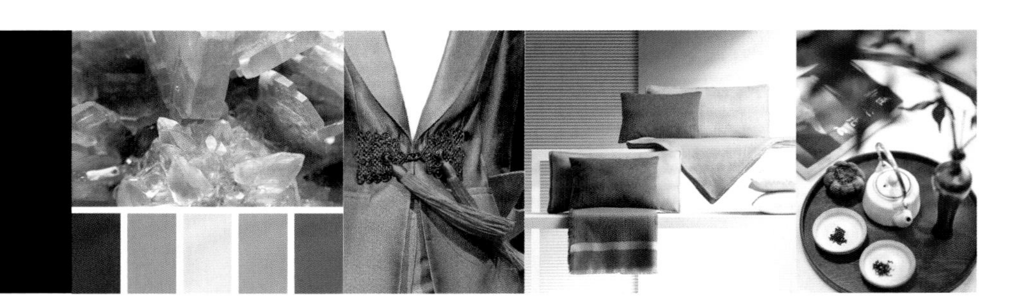

黑色

胭脂红

【黑色 + 胭脂红】

这是一个时尚的新中式风格室内空间。背景色是米灰色，主体家具的颜色是米灰色和黑色，点缀色丰富。餐桌上的花艺和餐巾上降低了饱和度的胭脂红、墙面和窗框装饰的浅香槟金不锈钢边条、透亮的造型极具艺术感的吊灯，都是提亮空间的点缀，通过颜色和材质的变化，增加了空间的时尚感。

边柜上方墙面的小面积黑色，与餐桌餐椅的重色在空间中有呼应。空间中的黑色部分都是半亚光的材质，相比亮光材质，更内敛，更具稳定感，也更适合用于传统风格的居室中。

此外，边柜上的绿植，彩度虽然不高，但依然能和空间中的胭脂红形成色彩的对比，从色彩上增加了空间的开放度。该空间在造型、色彩、质感上都具有开放性，传统和时尚大胆结合，相互矛盾却又能相互融合，非常具有张力。

新中式配色设计氛围解析

庄重黑色 03

【黑色 + 金色】

将黑色运用在卧室空间时，要注意用色的面积不宜过大。卧室最重要的作用是让人可以完全放松身心，从而达到有助睡眠的效果，所以在卧室大面积使用黑色的情况通常很少。这是一个偏现代风格的居室空间，墙面、地面、家具和床品，没有过多复杂的图案纹理装饰，背景色是白色和原木色系，主体色是米色、米灰色和黑色，胭脂红的花艺和床头柜金色的线条是点缀色的表达。床头柜和床头吊灯的黑色选用的都是亮光材质，搭配墙面小面积的黑镜装饰，亮光的黑色为空间带来现代简约的气质。

在这个空间中，依然可以从一些细节处看出传统部分的表达。例如：床头柜的造型和好看的金色线条、床品上浅浅的几何纹样，通过造型和图案，空间有了传统的细节，这样一来，床头柜上具有中式感的花艺，就不是孤立的存在了。有直接的语言，有间接的表达，没有那么张扬和直白，这是新中式风格的另一种美感。

黑色　金色

因与土地颜色相近，棕色在典雅中蕴含着安定、朴实、沉静、平和等气质，亲切感十足。棕色一直是许多中式传统文化元素的常用色，除了黄花梨、金丝楠木等名贵家具外，还有记录文字的竹简、木牍等都是棕色的。

新中式风格可以结合棕色的天然质感与自然属性来营造沉静质朴、端庄稳重的视感氛围。设计时除了常用于家具的色彩搭配外，还可用木饰面板装饰背景墙，打造高端质感。喜欢自然稳重者可搭配中性色调的新中式家具，喜欢活泼一点者可选择红、橙、蓝等亮色家具。

C 66 M 67
Y 62 K 9

C 2 M 77
Y 56 K 0

C 83 M 70
Y 25 K 1

⊙ 虽然深棕色属于暗色系，但当它与不同颜色的软装饰品搭配时，却能够轻松打造出杂而不乱、形散神聚的丰富空间

⊙ 棕色木质的装饰柜结合灯光的变化，给人一种内敛谦卑的感觉

棕色虽然古朴，但颜色暗沉，因此在使用时，要注意避免产生压抑和老气的感觉。运用大面积的留白跟空间中的棕色形成反差，是非常见效的方法，同时留白也是体现中式文化的一种表现形式。还可以在空间中搭配和棕色同色系的亮色进行调和，如砖红色、浅咖色、香槟金色、杏色等，让空间显得和谐且有层次感。

C 69 M 69
Y 70 K 27

C 41 M 47
Y 47 K 0

C 62 M 48
Y 82 K 3

⊙ 深棕色餐桌沉稳中透露着温润，与镜面材质形成传统与现代的对比

C 52 M 55
Y 59 K 2

C 25 M 28
Y 29 K 0

C 67 M 40
Y 35 K 0

⊙ 棕色应用于茶室中，以一种平静的姿态承接着来自外界的嘈杂与混沌，展现出岁月静好的生活状态

【驼色 + 中国红】

驼色是具有高级感的颜色，如和煦的风轻拂面颊，如冬天的一件羊毛衫给人带来贴心感。当驼色大面积运用于室内空间时，该空间能让人感觉安宁和温暖。这个餐厅空间，墙面以白色和浅驼色为主，主体色是家具和地毯的驼色和白色，背景色和主体色用色统一，通过地面的黑色拼贴瓷砖、边柜上的黑色雕塑以及酒架上深色的酒，增加了空间中的重色，点缀色中国红被小面积地运用在餐桌上。

空间中重色面积非常小，而且是呈点状分布的，没有形成面，在这种情况下，只依靠黑色来让空间保持轻重的平衡关系是不够的。空间中还有一个具有稳定感的比较整体的面，那就是餐椅组合。餐椅椅背的驼色，是比墙面和边柜更深的驼色，使空间有了色彩的层次关系。餐椅整齐阵列式的摆放方式，在色彩上形成了面。色彩上的细微差别，给空间带来了更多的稳定感。

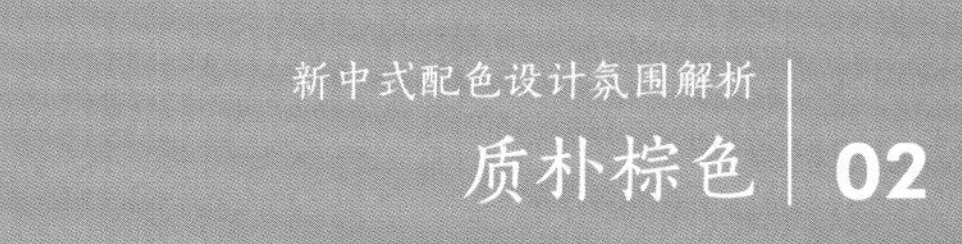

> 戴昆设计

驼色

深褐色

金色

[驼色 + 深褐色 + 金色]

这是一个用色非常统一的新中式风格空间，驼色的运用，容易让人联想到自然界中的色彩，如苍茫的大漠、芬芳的泥土。顶面和地面的色彩均比墙面的颜色浅，这不同于常规的配色手法，常规配色是上轻下重，通常墙面的颜色比地面的颜色都要浅，这个空间相反。然而，在这样的背景色用色关系中，主体家具选用了深褐色，在空间中是颜色最深的，且居中摆放，给空间带来稳定感。

长凳的面料是和背景色一致的驼色，空间的用色深浅搭配，有分量，有呼应，让空间内的色彩搭配显得完整并富有层次。墙面的电子壁炉，将自然的舒适感引入室内，烘托出书房沉静的私享空间氛围。

新中式配色设计氛围解析

质朴棕色 | 03

> 博思韦珥设计

【棕色 + 驼色】

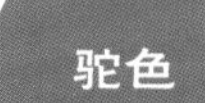

棕色是有季节感的色彩，运用在卧室中，有深秋时节的温暖感。棕色偏深，大面积运用在卧室的床头背景墙面，虽有质感，但也容易让空间有压抑感。这个空间在主体色的表达上用了更多的浅色，和棕色同色系的驼色用在床背，床品是简洁的白色，床尾凳和地毯也都是以浅色为主，而且是靠前居中的浅色，遮挡了一部分深色，和谐之中又有对比的变化。

地面颜色比墙面颜色浅，让空间有更多的透气感。床头柜和床尾凳的木作颜色与背景色一致，使墙面的棕色在空间中也有了呼应。此外，茶色的床头吊灯是玻璃材质，通透的玻璃材质削弱了空间墙面的沉闷感，而且给空间增添了一分现代时尚的气息。

【第二节】

中式传统吉瑞纹样新应用

敦煌壁画中的彩绘飞天像

飞天纹具有浓厚的宗教色彩，最具代表性的飞天纹见于甘肃敦煌石窟的壁画上

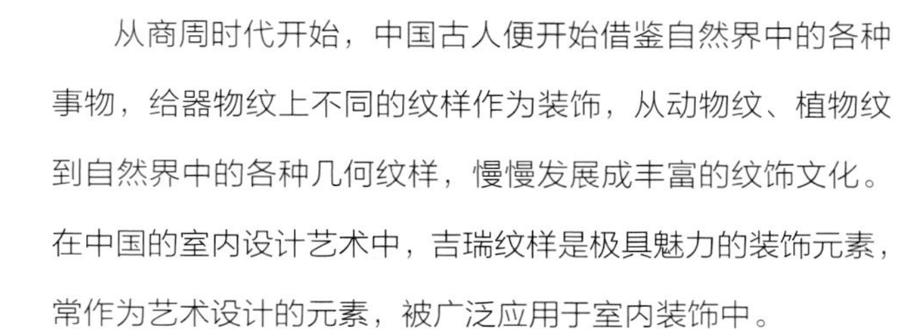

从商周时代开始，中国古人便开始借鉴自然界中的各种事物，给器物纹上不同的纹样作为装饰，从动物纹、植物纹到自然界中的各种几何纹样，慢慢发展成丰富的纹饰文化。在中国的室内设计艺术中，吉瑞纹样是极具魅力的装饰元素，常作为艺术设计的元素，被广泛应用于室内装饰中。

中国传统吉瑞纹样的来源大致可分三个部分。其一，来自民间工艺，如陶瓷、刺绣、窗花、蓝印花布，蜡染、剪纸、雕刻、编织等。这是劳动人民按照自己的意志发挥创造的，较朴实、粗犷并且乡土气息浓郁。 其二，来自宗教艺术，如宗教传说和神话传说，以及庙宇、石窟壁画、藻井、龛楣、塑像服饰、基座、建筑、雕刻和各种供器装饰等，这些图案构图严谨，富于理想。 其三，来源于封建帝王、王公贵族、富豪商贾等所使用的陈设品、日用品、服饰、首饰、建筑等，这些纹样是为了满足贵族的物质生活而精心设计的，所以图案非常精细，外观富丽豪华。

丰富的吉瑞纹样不仅让中华民族的文化精髓在新中式风格的家居空间中得到传承，同时也丰富了现代室内设计的装饰元素。

［唐］浮雕莲花纹方砖

南北朝至唐代，莲花纹都作为主要纹饰存在，从宋代开始变为辅助纹饰，元代至清代，莲花纹衍生出很多形式，如缠枝莲、把莲等

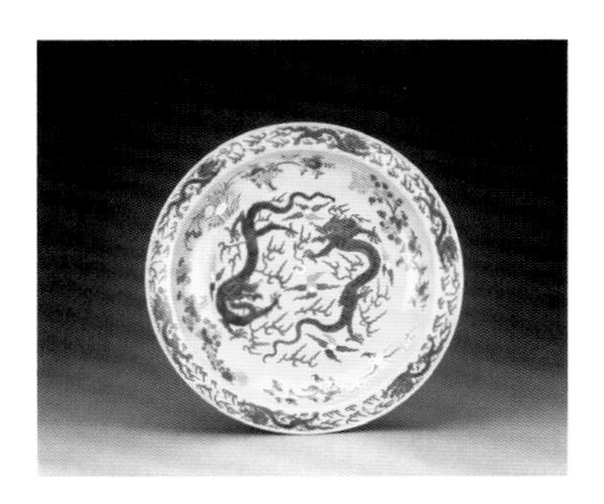

［清］黄地素三彩龙纹盘

从古至今，龙一直被视为中华民族的图腾、中国古代的瑞兽，也是权力的象征。龙纹成为中国古代延续时间最长、流传最广、影响最大、种类最多的传统纹样

［五代］越窑云纹罂

云纹是最为常见的传统纹样之一，是古人用以刻画天上之云的纹饰，用于玉器、青铜器、瓷器或家具时，一般用作辅助性纹饰

一 几何纹样

几何纹样是中国历史上出现时间最早、应用最广泛的纹样之一，其历史可以追溯到原始社会时期，其样式有的取自于自然界中的各种事物形态，如水、火、云等，有的则是对字体的变形和二次创造，这些纹样或单独或连续地反复排列，形成了东方纹饰的艺术特点。

几何纹样包括曲折纹、云雷纹、回纹、条纹、旋涡纹、回旋勾连纹等，同时也有一些抽象的图案，多采用写实、写意、变形等表现手法。几何图案常用于器皿，如早期的陶器、青铜器，后来的瓷器、珐琅器等。早期的几何纹样较为简单，新石器中晚期纹样形式结构逐渐复杂，商周时期用来装饰器具的几何纹样已经十分繁复。秦汉之后，几何纹样常作为辅助纹饰出现，也是十分常见的装饰纹样。

在新中式风格的家居空间中，几何纹样的应用十分广泛，比如在雕花线条、波打线、布艺图案等设计中都可见到。

云雷纹

［西周］云雷纹硬陶罐

曲折纹

［西周］曲折纹双耳罐

回纹

新石器时代晚期，回纹双耳彩陶罐

旋涡纹

新石器时代晚期，彩陶旋涡纹双耳罐

⊙ 祥云纹造型独特，婉转优美，其美好吉祥的寓意让人感受到中国传统吉祥文化的博大精深

⊙ 回纹是指折绕组成如同“回”字形的一种传统几何装饰纹样，寓意吉利永久、圆圆满满

⊙ 简化的万字纹窗格具有中式风格气质，万字纹作为中国古代传统纹样之一，常被认为是太阳或火的象征，寓意着吉祥如意，红红火火

二 花鸟纹样

花鸟纹样不仅寓意吉祥，而且其历史也十分悠久，早在新石器时代就已出现了鸟兽的雏形纹样，原始时期的图腾观念为花鸟纹样的出现打下了基础。到了唐朝，花鸟纹样逐渐盛行。此时花鸟纹样的特点是以各种花卉为主，配以鸟禽，生动地表现了当时社会一片繁华安乐的景象。宋代是中国古代花鸟画的黄金时代，其花鸟画赢得了全世界的赞誉。宋代的花鸟画家，通常用一生的时间来创作，专注地去画一种花卉鸟禽等，将“格物”的理念融入创作当中，用来记录这些鸟禽植物。明清时期，花鸟纹样的发展达到了艺术的顶峰，纹样题材丰富，内容灵活多样，把吉祥花草与祥禽瑞兽的纹样巧妙地安排在一起，突出了祈福纳祥的寓意。

⊙［宋］花鸟画

团花纹

［清］蓝釉描金团花纹赏瓶

鸟纹

［清］蓝地洋彩轧道花鸟纹四方瓶一对

梅花纹

［清］黑地素三彩梅花纹盖罐

新中式风格中的花鸟纹样运用在墙面装饰上居多，如花鸟纹样的墙纸、硬包、软包等。同时在表现手法和题材选择上都有质的变化，不仅更加丰富多元，而且显得现代时尚。

⊙ 梅能于老干发新枝，又能御寒开花，故古人用之寓意不老不衰，因此明清以来梅花纹样被广泛应用，成为最常见的传统寓意纹样之一

⊙ 自古以来人们就将蝴蝶视为美好愿望的象征，通过不同的纹样形式赋予了蝴蝶各种美好而富有内涵的文化寓意并历代传承

⊙ 花鸟纹样具有较强的抒情性，是一种对自然和生命的美好表达

⊙ 喜上眉梢的床头壁画，寓意吉祥，充满古典的内涵之美

三 吉祥纹样

吉祥纹样指以象征、谐音等手法，组成具有一定吉祥寓意的装饰纹样。其始于商周，发展于唐宋，鼎盛于明清。在明清时期甚至到了“图必有意，意必吉祥”的地步。

吉祥纹样一般有三种构成方法：一是以花纹表示，二是以谐音表示，三是以文字来说明。主要用于表达福、禄、寿、喜等寓意。福代表福气；禄是权力、功名的象征；寿有健康延年之意；喜则与婚姻、友情、多子多孙等有关。

⊙ 如意纹造型灵动多变，线条流畅优美，如天上自在飘动的云朵，给人飘逸洒脱、典雅大气之感

岁寒三友纹

［明］釉里红岁寒三友纹玉壶春瓶

如意纹

［明］漆雕如意纹盘

开光纹

［清］矾红花卉开光粉彩山水人物纹壁瓶

吉祥纹样作为中国传统文化的重要组成部分，已成为认知民族精神和民族旨趣的途径之一。虽然新中式风格空间的装饰设计在不断追求创新，但是丰富多彩、寓意深刻的传统吉祥图案仍然为其所承袭。

福禄寿喜纹

［清］红豆杉雕福禄寿喜中堂镜

⊙ 花开富贵是中国传统吉祥纹样之一，代表了人们对美满幸福生活、富有和高贵的向往

> C.H.Y. 室内设计

⊙ 松柏纹取其能顶风傲雪、四季常青的特征，寓意长寿

动物纹样是出现较早的传统中式纹样，早在夏商时期就已经成为主要的装饰题材，用于彩陶、青铜器类的造型和表面装饰，到西汉时期，其纹样形象更加丰富。其中包括龙纹、凤纹、狮纹、鱼纹、麒麟纹等。到了汉唐时期，马成为主要的动物纹样题材，这是因为古代国家征战时，马匹是胜败的重要因素，因此马也成了唐代画家重要的绘画题材，画家画马主要为了展现国家的国威和兵力，就像政治画一样，具有特殊的时代意义。

马纹

［唐］韩干《牧马图》

凤纹

［明］黄釉凤纹瓶

狮纹

［明］青花狮纹梅瓶

龙纹

［清］斗彩云龙纹盖罐

麒麟纹

［元］青花麒麟纹八棱玉壶春瓶

动物纹样的造型，既写实又夸张，而且注重气势和张力，强化其威武无敌的气势。有些动物纹样只在早期的青铜器上较为常见，后世很少使用。另外一些动物纹样则随着时间的推移，外形发生了一些变化，如龙纹。

新中式风格中的动物纹样与传统动物纹样大体一致，但在线条上会做一定的简化处理，纹样的色彩搭配以淡雅为主。

⊙ 狮子在中国民俗文化中占有重要地位，狮子纹寓意祥瑞，象征权利与威严

⊙ 取“仙鹤”之意，换为“凤凰”之形，再融入传统苏绣锦画的工艺，描绘出凤凰的恢宏大气与高贵气质

⊙ 龙纹自秦汉以后就被统治者利用，是皇帝和皇权的符号，享有至高无上的权威性

五 人物纹样

人物纹样是以人的形象作为主题装饰的一类纹饰，是中国传统纹样中不可或缺的组成部分。人物纹样的发展与人类社会的进步有着千丝万缕的联系，从审美意识和宗教意识诞生开始，人们便将人的形象用于器物的装饰。

在原始社会时期，由于审美观念的局限性，所采用的纹样多为抽象的线条，并且伴随着原始的宗教观念，常有人首兽身、人面鸟身等形象。随着时代的进步，简单线条的人物纹样开始向复杂人体图转化。到了唐宋时期，人物纹样的形象越来越具体生动，明清则是人物纹样运用的顶峰时期。

飞天纹

〔唐〕铜飞天纹葵花镜

八仙纹

〔明〕青花八仙人物故事纹罐

仕女纹

〔清〕青花五彩仕女图大将军罐

古代没有相机，对于重大的事件，常以绘画的方式来记录，这也是宫廷画师的重要工作之一。但毕竟人物画古韵比较浓郁，所以在新中式风格中，人物纹样一般作为点缀装饰，比如唐画屏风、仕女图抱枕等，出现一两处即可。

【第四章】新中式风格软装设计节点

【第一节】

新中式风格装饰材料

中式风格的装饰材料源于大自然，如石头、木头，尤其是木头，现在保存下来的建筑很多都是用木材搭建而成的，朴实无华。相对于传统中式风格来说，新中式风格室内装饰中所使用的材料更为丰富多样，在使用木材、石材、丝纱织物等材料的同时，还会使用各种现代材料，如玻璃、金属、树脂等新型材料。现代材料的使用凸显了新中式风格的时代特征，也丰富了空间的艺术表现形式，使新中式风格的空间既有浓厚的中式气质，又具有现代艺术气息。

此外，新中式风格以对传统经典的深刻理解为前提，将现代材料和传统元素有机合理地融合在一起，不仅让古典美更具生命力，更重要的是能够让传统艺术在现代室内装饰中得到传承。在中华文化风靡全球的今天，新中式风格将中式元素与现代材料巧妙融合，再现了移步换景的精妙景致。

⊙ 新中式风格建筑

一 木格栅

新中式风格室内空间的隔断讲究隔而不断、曲径通幽。以质地温润的木格栅作为隔断的方式，会让空间洋溢着古朴自然的气息。相对于传统的屏风而言，木格栅更具通透效果，在光与影的变幻交错间，让中式韵味缓缓涌现。木格栅的形式尽量选择有规律的、不花哨的款式为好，太过于夸张的造型反而会破坏那分宁静。

⊙ 木格栅是新中式风格空间的重要元素，除隔断功能外，其在意境上时而缥缈，时而唯美，时而灵动，时而硬朗

⊙ 木格栅制造出若隐若现的光影效果，使空间视觉更具延展性，还散发出亦古亦今的层次之美

⊙ 黑胡桃木格栅在空间的使用贴合了新中式家居所追求的质朴意境

⊙ 木格栅实现了空间处处有景、移步换景的独特效果

二 花格

新中式风格常常会选择一些富有传统美感的元素作为家居装饰。这不仅是出于对传统艺术的尊崇，更重要的是让经典的中式美学元素在室内空间得到传承。

花格是新中式风格空间使用频率最高的装饰元素，不仅可以将其作为空间隔断、墙面硬装，还可以对其进行再设计，为空间带来时尚的现代感。如在半透明玻璃上做出花格图案的磨砂雕花，或以不锈钢、香槟金色金属作为花格装饰等，都有着十分出色的装饰效果。

⊙ 木花格与山水大理石的搭配构成一幅美丽画卷

花格除了硬装上的功能性需求以外，还具有特殊的装饰效果，比如在很多新中式风格的空间中，会用木质花格做成墙面装饰，取代画的作用，让整个空间更具古韵，同时也比装饰画的形式更加新颖别致。

⊙ 起到隔断作用的木花格兼具很好的装饰功能

⊙ 以木雕花格挂件作为新中式墙面的装饰元素

三 线条

木线条比石膏线条更适合运用在新中式风格空间中，通过原木色线条来诠释新中式风格大方、自然的美学理念，从吊顶造型到墙面的木线条装饰，足以让空间具有温馨自然的感觉。此外，新中式风格空间中的木线条摒弃了传统中式的复杂造型，整体看上去更加注重留白。

⊙ 木线条走边的设计形式是新中式风格吊顶常见的设计手法

如果想在新中式风格的顶面空间设计多层吊顶，可以利用木线条作为收边，并在顶面设置暗藏灯光装饰，这样的设计能在视觉上加强顶面空间的层次感。如吊顶面积较大，还可以在吊顶中央的平顶部位安装木线条，不仅有良好的装饰效果，还能避免因顶面空间大面积的空白而带来的空洞感。

此外，金属线条在新中式空间出现的频率也很高。在硬装中，金属线条多用在吊顶、墙面装饰等处：与吊顶搭配，可增加品质感；与墙面搭配，可增加层次感。在软装中，小到装饰品，大到柜体定制都可以用到金属线条。

⊙ 吊顶运用金属线条勾勒出空间的立体感，营造空间的轻奢氛围

⊙ 金属线条在墙面上的运用，可以将高级质感和品质感体现得淋漓尽致

四 硬包

新中式风格的墙面一般会选择布艺或者无纺布硬包，不仅可以增添居住空间的舒适感，也可以在视觉上呈现更高的柔和度。

近年来，随着人们对传统文化的重视程度越来越高，刺绣在室内设计中也被更加频繁和广泛地运用。比如将精美的刺绣硬包用到新中式风格的墙面装饰上，让室内空间散发出细腻雅致的文化气息。

⊙ 布艺硬包

⊙ 刺绣硬包

皮雕硬包的运用也是在现代家居装饰背景下对新中式风格的全新演绎。皮雕硬包是用旋转刻刀及印花工具，利用皮革的延展性，在上面运用刻画 、敲击、推拉、挤压等手法，制作出各种表情，以及有深浅、远近等感觉的花纹，或是在平面山水画上缀以装饰图案，使图案纹样在皮革表层呈现出浮雕的效果，其工艺手法与竹雕、木雕等类似。

⊙ 皮雕硬包

手绘墙纸

手绘墙纸是新中式风格墙面永远不会过时的装饰材料，美好的寓意、自然的文化气息，诗情画意的美感瞬间点亮整个空间。将其运用在沙发背景墙、床头墙、玄关区域的墙面，能够完美地将传统文化的氛围融入空间里。

在绘画内容上，除了水墨山水、亭台楼阁等图案之外，还有花鸟图案的手绘墙纸，其中以鸟类、花卉等元素为主。

⊙ 梅花作为传春报喜的吉祥象征为民间所喜爱

⊙ 水墨山水图案重在表达意境之美

⊙ 墙面上的中式花鸟图案惟妙惟肖、呼之欲出

六 瓷砖拼花

拼花瓷砖是新中式风格地面常见的装饰材料，常用于过道、玄关等区域。为了能达到更好的装饰效果，拼花瓷砖的图案以中式元素为主，如万字纹、回字纹等，并通过合理的设计，将地面瓷砖拼花的装饰效果显示出来。还可以利用深色胶，在瓷砖上制造分割的效果，这样不仅对拼花的装饰效果有着更好的提升，还能为新中式风格的空间制造出别具一格的艺术效果，使空间层次更为丰富。

⊙ 回纹拼花瓷砖增加了狭长形过道的装饰感

⊙ 富有艺术气息的中式拼花瓷砖

⊙ 过道地面上的万字纹拼花瓷砖

七 山水大理石

诗意栖居，寄情山水。自古以来文人雅客无不于山水之间吟诗作画，而山水大理石则是大自然的杰作，每一张板材都是独一无二的，极具收藏与观赏价值。山水大理石是装饰材料中很有中式韵味的一种石材，其特点是石面变化较大，纹路随机、连贯、艺术感强：时而高山、时而流云，仿佛一幅幅唯美的画卷。一山，一水，一世界。自然山水真正进入人们的精神生活层面，变成一种生活情趣、一种人生态度。

山水石材的单板价格较为昂贵，也可以选择市面上很多有高仿石材效果的大版面瓷砖，瓷砖的缺点是会有工艺缝隙，但其优点是便于运输。

⊙ 山水大理石的表面是一幅完整的山水画，层峦叠嶂、云气氤氲，山云之间极具动感

⊙ 山水大理石

⊙ 山水大理石自然而有神韵，寄情画趣于天成，给人以丰富、自由的想象空间和回味无穷的艺术感受

【第二节】

新中式风格家具类型

中国有着悠久历史文化的积淀，以明清家具为代表的中国传统家具与中国传统建筑一样有着强烈的古典美。明式家具的质朴典雅、清式家具的精雕细琢，都包含了中国人的哲学思想和处世之道。新中式风格的家具在工艺上从现代人的居住需求出发，对古典中式家具的复杂结构进行精简，在满足了现代人生活习惯的基础上，加入考究精致的细节处理，让其更显美观。

⊙ 明式家具造型简洁，质朴典雅

⊙ 清式家具注重精雕细琢，每一件家具宛如一件艺术品

⊙ 新中式家具的特点是以现代手法简化古典中式家具的复杂结构

在造型设计上，新中式风格的家具以现代的手法诠释了中式家具的美感，摒弃了传统家具较为复杂的雕刻纹样，更加注重线条的装饰，并且形式比较活泼，用色更为大胆明朗，多以线条简练的仿明式家具为主。

在材料上，家具所使用的材质不仅仅局限于实木这一种，如玻璃、不锈钢、树脂、UV 材料、金属等也常被使用。现代材料的使用丰富了新中式家具的时代特征，增强了中式家具的艺术表现力，使新中式元素具有新时代的气息。

⊙ 在新中式空间中，造型简洁流畅的现代家具给人耳目一新的感觉

⊙ 金属、大理石等现代材料的使用丰富了新中式家具的时代特征

新中式家具与传统中式家具最大的不同就是，虽有传统元素的神韵，但不是一味照搬。传统文化中的象征性元素，如中国结、山水字画、如意纹、花鸟纹、瑞兽纹、祥云纹等，常常出现在新中式家具中。

此外，传统中式家具的布局讲究对称，新中式家具的陈设布局则更加灵活随意。新中式风格用现代手法演绎中式韵味，在对称均衡中寻找变化，让现代家具与古典家具相结合，以使空间不显得沉闷。

⊙ 花鸟纹元素

⊙ 鹤纹元素

⊙ 保留中式对称陈设的特征，以现代人的审美和功能需求打造富有传统韵味的客厅空间

一 实木家具

中式古典家具气质典雅高贵，尤其是明清时期的家具，其材质多为稀有的木材，更显金贵。其中小叶紫檀、海南黄花梨、大红酸枝三种木材，更是被誉为“明清三大贡木”。每一种木材背后都有其深远的历史和深厚的文化底蕴。在封建社会，皇宫里的用品多以皇帝喜好为主。能工巧匠们按照皇帝的审美情趣，使用最精湛的工艺技术，将贡木制做成符合皇帝喜好的贡木制品，如在贡木家具上雕刻龙纹就是经典的设计之一。

⊙ 中式高背椅

⊙ 新中式风格高柜

⊙ 新中式风格书柜

⊙ 仿明式圈椅

由于部分木材非常珍贵、稀有，在为新中式风格搭配家具时，可以用其他实木材质家具替代，比如榆木、榉木、橡木、水曲柳等材质的家具。还可以运用现代材质及工艺去演绎中国家具文化中的精髓，使其不仅拥有典雅、端庄的中式气息，还具有明显的现代时尚感。

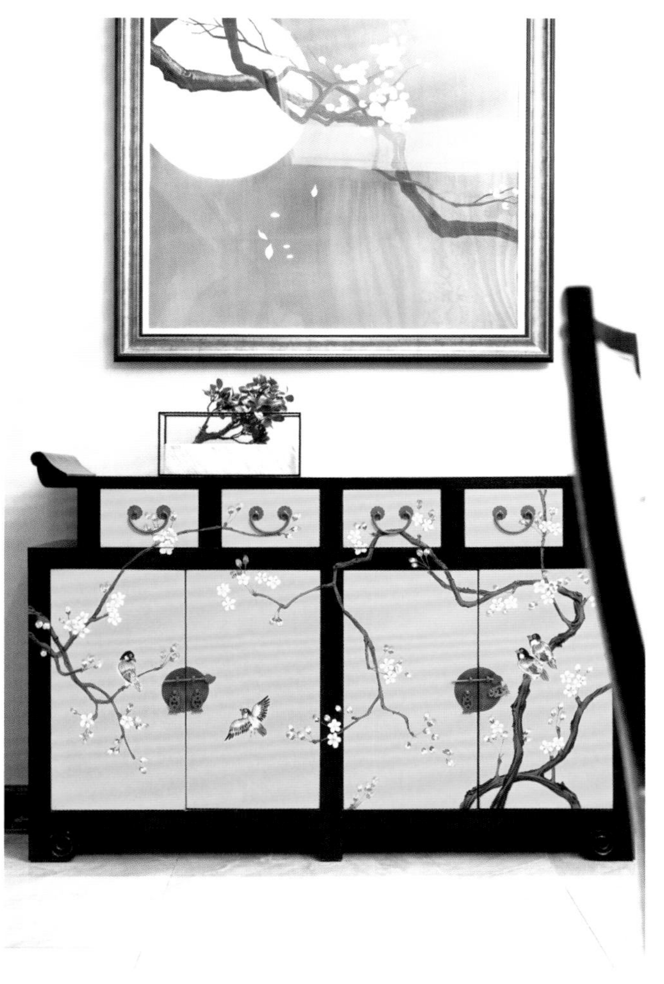

⊙ 花鸟题材装饰柜

⊙ 深棕色实木家具

二 金属家具

20 世纪初西方国家兴起的金属家具热潮，将中式家具的设计带入了全新的世界。金属家具能让新中式风格的空间显得更加动感活泼，也能制造出大气时尚的空间品质。此外，可以将金属与实木材质相结合，在展现金属硬朗质感的同时，还能将木材的自然风貌以更为个性化的形式呈现出来，并让其成为家居空间中的视觉焦点。

此外，金属材质配合中式家具的古典制式，也是常用的家具设计手法，比如镜面不锈钢圈椅、铜拉丝官帽椅等。古典与时尚的碰撞、现代与传统的融合，将中式家具文化的精髓，以全新的方式进行演绎。

⊙ 个性化不锈钢树根茶几

⊙ 古铜色金属手工鼓凳

⊙ 异形金属茶几

三 陶瓷家具

中国是陶瓷的故乡，陶瓷也是中华文明的重要组成部分。在新中式风格的空间里搭配陶瓷家具，不仅能传承中国的传统文化，而且能让家居空间显得更加精致美观。

鼓凳在新中式风格空间中较为常见，一般分为木质鼓凳与陶瓷鼓凳。相比于木质鼓凳，陶瓷鼓凳把浓浓中式意蕴和国际流行风格融为一体，其本身具备的光泽加上古香古色的造型和图案，极富灵性和神韵，与新中式家居环境非常合拍。

⊙ 陶瓷鼓凳

另外，陶瓷还常作为装饰面出现在家具中，比如花鸟题材的陶瓷芯板、陶瓷桌面等，为朴素的木质家具添加了一丝清新雅致的气质，同时也体现了新中式家居的“新”。

⊙ 白色陶瓷鼓凳营造古朴韵味

【第三节】

新中式风格照明灯饰

新中式风格灯饰整体设计源于中国传统灯饰的造型，并在传统灯饰的基础上，注入现代元素，不仅简洁大气，而且形式十分丰富，呈现出古典时尚的美感，比如传统灯饰中的宫灯、河灯、孔明灯等都是新中式灯饰的演变基础。灯饰除了满足基本的照明需求外，还可以作为空间装饰的点睛之笔。

> 布鲁盟室内设计

⊙ 新中式空间灯饰

宫灯始于东汉，盛于隋唐，作为中国传统文化的一个符号，在世界上享有盛名。在古代，由于宫灯长期为宫廷所用，因此常常会配以精细复杂的装饰，以显示宫廷的富贵和奢华。明清时期的宫灯形式更是发展到了巅峰，主要以细木为框架，雕刻花纹，或以雕漆为架，镶以纱绢、玻璃或玻璃丝，造型多为八角形、六角形、四角形，各面画屏图案的内容多为龙凤呈祥、福寿延年、吉祥如意等。

⊙ 宫灯

⊙ 新中式风格宫灯延续了古代的样式，悬挂于挑高空间既典雅清新，又具有复古韵味

西汉海昏侯墓曾出土了一盏特别的雁鱼灯，其工艺精湛，造型别致，而且还能避免空气污染。这些造型精美、设计精巧的灯饰是中国古人智慧的结晶。其对后世传统灯饰的发展及现代中式灯饰的设计，都有着至关重要的作用。

⊙ 雁鱼灯

说到宫灯，不得不提著名的长信宫灯，它出土于河北满城中山靖王刘胜之妻窦绾墓。长信宫灯的整体造型是一个跪坐着的宫女双手执灯，由头部、身躯、右臂、灯座、灯盘和灯罩六个部分分铸组装而成。宫女的左手托住灯座，右手提着灯罩，右臂与灯的烟道相通，以手袖作为排烟炱的管道。宽大的袖管自然垂落，巧妙地形成了灯的顶部。长信宫灯不同于以往青铜器皿的繁复厚重，其整体轻巧自由，兼具美观和实用效果，在汉代宫灯中首屈一指。

⊙ 长信宫灯

一 布艺灯

⊙ 布艺宫灯

布艺灯由麻纱或葛麻织物作灯面制作而成，是富有中国传统特色的灯饰。布艺灯的造型多为圆形或椭圆形，其中红纱灯也称“红庆灯”，此灯通体大红色，在灯的上部和下部分别贴有金色的云纹作为装饰，底部则配金色的穗边和流苏，整体美观大方，喜庆吉祥。随着时代的发展以及历代灯饰工匠的努力，新中式风格空间中的布艺灯，在材质的选择上更加广泛，如棉、麻、丝等，而且制造工艺水平也越来越高。

⊙ 布艺灯以麻纱或葛麻织物作灯面材料

⊙ 纱灯与中式字画的搭配烘托出满室的古韵

二 陶瓷灯

陶瓷灯是陶瓷材质的灯饰。最早的陶瓷灯是指宫廷里面用于蜡烛灯火的罩子，近代发展成瓷质底座。陶瓷灯的灯罩上面往往绘以美丽的花纹图案，装饰性极强。因为其他款式的灯饰做工比较复杂，不能使用陶瓷，所以常见的陶瓷灯以台灯居多。

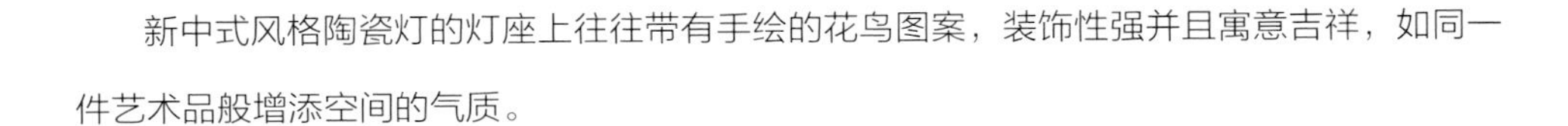

新中式风格陶瓷灯的灯座上往往带有手绘的花鸟图案，装饰性强并且寓意吉祥，如同一件艺术品般增添空间的气质。

⊙ 陶瓷灯

⊙ 陶瓷灯承载了深厚的历史文化，既是实用品又是艺术品

⊙ 常见的陶瓷灯以摆设在床头柜上的台灯居多

三 木质灯

木质吊灯从材质角度上来看，比金属、塑料等更环保，而且由于其具有自然清雅的装饰效果，因此适用于很多空间，如客厅、卧室、餐厅等，能让人感到放松、舒畅，给人温馨和宁静感。

如果是木质落地灯，还可以为其装饰一些绿色植物，既不干扰照明，还增添了自然清新的气息。

此外，由于木材具有易于雕刻的特性，因此木质灯可以实现多种创意。如有的吊灯利用木材模仿橡果的形状，还有将圆形镂空木头当作灯罩的吊灯，既精美又实用。

⊙ 根艺灯饰属于根雕艺术的延伸，突破了传统根艺只限于观赏的局限

⊙ 自然材质的灯饰除了环保之外，将其用在新中式空间中可给人一种放松和宁静感

四 金属灯

在中国古代，金属作为稀有资源，是身份与地位的象征。从华丽的宫殿装饰到金属工艺品，都是中国历史文化的组成部分。新中式风格的金属灯饰继承了传统灯饰的精髓与内涵，以简约的直线作为灯具的主体，舍去华而不实的雕刻外形，展现出了更加简约、时尚的气质，并且更加符合现代人的审美观念。

常见的新中式风格金属灯饰主要以铁艺、铜艺为框架，有些也会用锌合金材料，部分灯饰还会加上玻璃，陶瓷、云石、大理石等，这些材质的使用都是为了凸显新中式灯饰的奢华与高雅。例如铁艺材质的鸟笼灯是将鸟笼原本的功能加以创新变化，制作成灯饰，是新中式风格中十分经典的装饰元素。

⊙ 金属灯样式

⊙ 多盏鸟笼灯给新中式空间增添了鸟语花香的氛围

⊙ 黄铜材质的中式落地灯加上中式玉佩的点缀，使现代与传统完美结合

⊙ 充满创意与个性的异形吊灯，其灵动的金属光泽为空间带来轻奢质感

⊙ 在金属材质的灯饰中加入了中式符号，在表现现代感的同时传达出中国传统文化的神韵

【第四节】新中式风格布艺织物

布艺织物是室内装饰搭配的重要组成部分，合理的布艺搭配不仅能营造大方雅致的空间氛围，而且可以起到柔化空间的作用，为大方典雅的中式家居环境带来一丝温馨的格调。新中式风格的布艺文化是跟随时代的变迁而不断发展的，因此有着浓郁的中式情结。将传统元素与现代设计手法巧妙融合，加入现代的线条、色彩，使空间更显清新灵动，并且也更符合现代人的审美观念。

此外，新中式风格的布艺往往从中华传统文化、服饰中获取灵感，再利用现代工艺以及简约的设计理念，使古老的传统文化和设计思想焕发新的生命力，完美诠释了新中式风格的开放与包容。

⊙ 新中式家具布艺

⊙ 新中式空间中的布艺装饰

一 窗帘

新中式风格的窗帘多为对称的设计，窗幔设计简洁而寓意深厚，比如按照回纹的图形结构来进行平铺幔的剪裁。在材料的选择上，多用细腻和挺括的棉或棉麻面料来表达清雅的格调，纹样少用古典纹样，多用充满现代感的回纹、海浪纹等进行局部点缀，以突出民族文化特征。

新中式风格的窗帘色彩需要根据整体空间的色彩进行定位，常用的色彩是典雅谦和的中性色系，如用大地色系来表达雅致和内涵，在黑白灰无彩色中融入少许流行色来突出当下的时尚感。

⊙ 三种颜色拼搭的窗帘注重与床品布艺色彩的搭配

⊙ 丝质面料的窗帘给中式空间增添了贵气

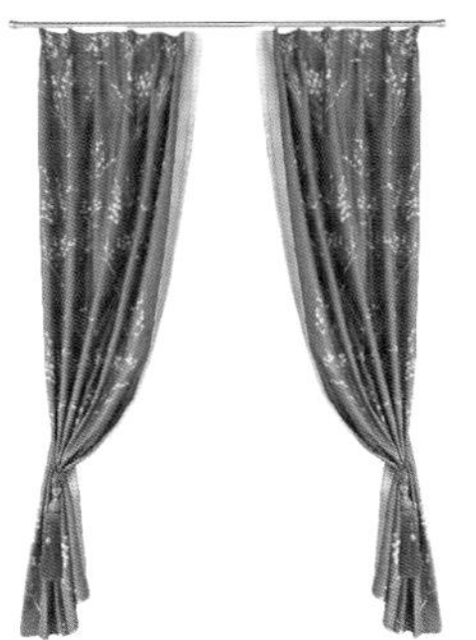

⊙ 新中式风格窗帘样式

二 床品

新中式风格的床品款式设计简洁大方，常用低纯度高明度的色彩作为基础，比如米色、灰色等，在靠枕、抱枕的搭配上加入少许流行色，结合传统纹样的运用，表达现代人尊重传统亦追求时尚的审美观念。

⊙ 以中性色为基础的床品搭配一组降低明度和纯度的对比色靠枕，结合传统符号的应用，给人视觉上的美感

⊙ 中式传统纹样在床品上的应用，传达出吉祥美好的寓意

相比欧式风格追求饱满、厚重、装饰感强的特点，新中式风格床品更讲究清雅爽朗的气韵。花鸟图案是新中式风格床品最常用的一种纹样，既清丽雅致又富含美好寓意，将这种温和美好的元素运用在床品上能博得大多数人的喜爱。

⊙ 床品纹样与床头壁画形成巧妙呼应，在营造整体空间和谐氛围的同时又呈现出丰富的层次感

⊙ 新中式床品的款式设计简洁大方，追求一种清雅爽朗的气韵

三 地毯

新中式风格地毯的纹样既可以选择具有现代感的简约中式元素图案，如简约的回纹、菱格纹等，也可选择具有水墨晕染抽象图形。素色地毯也是一个很不错的选择。有着中式纹样的羊毛地毯既能让空间看起来丰富饱满，又能强调新中式的风格特征；而麻编的素色地毯则能体现空间清新雅致的意蕴，让空间看起来干净利索。

⊙ 新中式水墨纹样地毯

⊙ 新中式风格地毯样式

⊙ 新中式传统纹样地毯

四 抱枕

抱枕是新中式风格空间中不可或缺的软装元素。在搭配时，应根据整体空间所呈现的中式元素数量进行选择。

如果空间的中式元素较多，为其搭配的抱枕最好选择简单、纯色的款式，并通过合理的色彩搭配，为室内营造温馨氛围。如果空间中的中式元素较少，则可以选择搭配富有中式特色的抱枕，如花鸟图案抱枕、窗格图案抱枕、回纹图案抱枕等。利用抱枕营造视觉焦点的形式凸显出新中式风格的独特魅力。

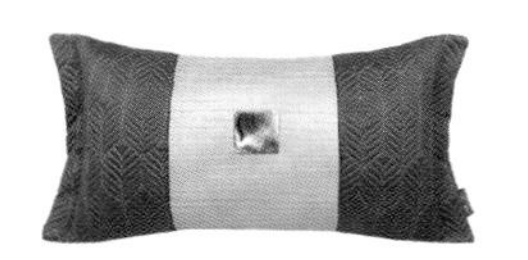
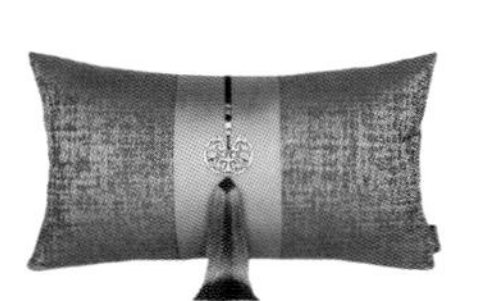

⊙ 新中式风格抱枕样式

⊙ 新中式风格空间的抱枕装饰

⊙ 中式元素较少的空间适合选择富有中式特色的抱枕

⊙ 中式元素较多的空间适合选择纯色款式的抱枕

新中式风格有着庄重雅致的特点，在饰品的搭配上不仅延续了这个特点，而且有着极具内涵的精巧感。摆放时常选择对称或并列的形式，或者按大小摆放出层次感，以营造和谐统一的格调。

在新中式风格的室内空间里，利用混搭的手法摆放饰品，可以增加空间的灵动感。如在搭配传统中式风格饰品的同时，适当增添现代风格或其他富有民族神韵的饰品，能够让新中式风格的空间增加文化对比，从而使人文气息更加浓厚。以鸟笼、根雕等为主题的饰品，则可以将大自然的气息代入新中式风格的空间，并营造出休闲、雅致的自然韵味。

此外，茶文化是中国传统文化的重要组成部分，饮茶是中国人喜爱的一种生活方式。因此，在新中式风格空间中放置一张茶案，摆上几件精致的茶具，不仅可以享受品茶的乐趣，还可以传达雅趣盎然的生活态度。

⊙ 新中式风格空间中的饰品

一 壁饰

新中式风格的墙面挂件应注重整体色调的呼应、协调。在选择组合型墙面挂件时，应注意各个单品的大小与间隔比例，并注意平面的留白，大而不空的挂件装饰，能让新中式风格的空间显得更有意境。新中式风格的墙面常搭配荷叶、金鱼、牡丹等具有吉祥寓意的挂件。此外，扇子在古时候是文人墨客的一种身份象征，为其配上长长的流苏和玉佩，也是新中式空间装饰墙面的极佳选择。

陶瓷挂盘是极富中式特色的手工艺品，不管是挂在墙上还是摆在玄关台上，都是一道美丽的风景。水墨画寥寥几笔就带出浓浓中国风，简单大气又不失现代感。此外，也可以将青花瓷用于墙面装饰，若在其他位置对青花纹样加以呼应，如以青花花器或者布艺装饰点缀一二，则其装饰效果更佳。

⊙ 利用新中式挂盘设计的艺术装置展现古朴典雅的气质

⊙ 新中式风格壁饰

⊙ 新中式风格挂盘

⊙ 床头墙上的新中式风格挂件展现朴素简约之美

⊙ 选择组合型的墙面挂件应注意各个单品的大小与间隔比例

⊙ 寓意展翅高飞的抽象金属壁饰成为空间的视觉焦点

⊙ 传统水墨图案赋予现代材质的壁饰一种缥缈的意境之美

二 摆件

瓷器在中国古代就是重要的家居饰品，其装饰性不言而喻。摆上几件瓷器装饰品可以给新中式风格的家居环境增添几分古典韵味，并使中华文化的风韵充溢于整个空间。将军罐、陶瓷台灯、青花瓷摆件都是新中式风格软装中的重要组成部分。此外，寓意吉祥的动物，如狮子、貔貅、小鸟、骏马等造型的瓷器摆件也是软装布置中的重要装饰品。在摆设时应注意构图原则，避免在视觉上产生不协调的感觉。

⊙ 新中式风格摆件

⊙ 陶瓷摆件给新中式空间增添古典韵味

⊙ 以树根的自生形态为基础进行艺术创作的根雕摆件

⊙ 传统文化中寓意吉祥的狮子摆件通常成对出现

⊙ 将军罐因宝珠顶盖与将军盔帽形状十分相似而得名，是中式传统陶瓷艺术的珍品

⊙ 鸟笼摆件

鸟笼摆件是新中式风格中不可或缺的装饰物，能为室内空间营造出自然亲切的氛围。此外，鸟笼的金属质感和光泽在呈现中式风格特色的同时，也为室内环境带来了现代时尚的气息。目前市面上的鸟笼材质大致可分为铜质和铁质两种，铜质的比较昂贵，而铁质的容易生锈，可以在制作过程中对铁质进行镀锌处理，以有效避免生锈的问题。

⊙ 铁质鸟笼摆件

⊙ 铜质鸟笼摆件

除了常见的装饰摆件外，案头的文房四宝、古书、折扇、中式乐器等，都是体现中国古典文化内涵的不二选择。还可以将香具摆件运用到新中式空间中，焚香是雅事，亦为一种文化，对于中式风格的家居搭配来说，香具是突显中式风格的别致摆件。三杯两盏清茶，伴随着腕间流转的沉香，层层意境中蕴藏着静幽梦幻的古韵。

⊙ 文房四宝摆件

⊙ 折扇摆件

⊙ 古书摆件

古代文人不仅用香，还亲手制香，并常用模具把香粉压制成各种图案或文字，为焚香过程增添了很多情趣。在香具方面，由于宋代烧瓷技术高超，瓷窑遍及各地，因此瓷质香具的使用极为普遍。宋代最著名的官、哥、定、汝、钧五大名窑都制作过大量的香炉。瓷炉虽然不能像铜炉那样精雕细琢，但自成朴实简洁的风格，而且具有很高的美学价值。

⊙ 将香具摆件运用到新中式空间中，能让中国的传统文人气质，浑然地融合在居住环境里

⊙ 在新中式空间中点燃香炉，缕缕青烟，淡淡馨香，悠闲者焚之可清心悦神；恬雅者焚之可畅怀舒啸

三 花艺

中式花艺早在两千年前就已有了原始雏形，并且在唐朝时逐渐盛行起来，尤其是在宫廷贵族中极为流行。中式花艺包含了深刻的思想内涵，它不仅是一种文化，还是人们审美观的艺术表现形式。

新中式风格的花艺摆脱了传统符号的堆砌，呈现出传统绘画中的韵律美，由于结合了现代风格的设计，也满足了现代人的审美需求。中式花艺在设计时注重意境，追求绘画式的构图、线条飘逸，一般搭配其他中式传统韵味配饰居多，如茶器、文房用具等。

⊙ 新中式风格花艺

⊙ 中式花艺的最大特点是利用花枝、花材多变的姿态来创造美感

⊙ 粗陶花器给新中式空间带来侘寂之美

花材一般选择枝杆修长、叶片飘逸、花小色淡的，如松、竹、梅、柳枝、桂花、芭蕉、迎春等。在花器的选择上，以雅致、朴实、简单、温润为原则，有助于烘托出整个空间的自然意境。

花器多造型简洁，采用中式元素和现代工艺相结合。除了青花瓷、彩绘陶瓷花器之外，粗陶花器也是新中式一种很好的表达方式，粗粝中带着细致，以粗之名更好地强调回归本源的特性。

⊙ 利用中式花艺作为空间的点睛之笔

⊙ 中式插花注重保持花材自然的形态美和色彩美感

⊙ 中式花艺构图在讲究线条美之外，还应该注意花器的色彩要与周围环境相协调

四 绘画艺术

绘画艺术是中国传统文化的重要组成部分，不仅历史十分悠久，而且风格鲜明，在世界美术界自成一家。以心观景是中式绘画艺术中极为突出的一个特点。其绘画风格不拘泥于物体外表的形似，而是采用“以形写神”的手法，追求深远的绘画意境。

〔唐〕李思训《江帆楼阁图》局部

此图描绘的是游春情景，是古代绘画中早期青绿山水画的代表作品

秦汉时期的绘画作品题材多样，造型生动，笔法简括。由于在对外交流中，吸收了域外艺术的新元素，因此秦汉时期的绘画在题材内容和表现形式、技法等方面，都有显著的提高和拓展。不仅呈现出充满生机与活力的繁荣景象，而且为以后的绘画艺术发展奠定了坚实的基础。

隋唐时期不仅名家辈出，而且人物、山水、花鸟画等绘画形式都趋于成熟，为后世所仰慕。中国的绘画艺术在唐代呈现出了五彩纷呈、绚丽多姿的局面，并且在晚唐时期又有了新的发展，以周昉的仕女图为代表的人物画达到完美的境界，疏淡简洁的花鸟画也逐渐开始形成。

〔唐〕阎立本《步辇图》局部

此图所绘的是为了吐蕃王松赞干布迎娶文成公主入藏，禄东赞朝见唐太宗时的场景，为唐代绘画的代表性作品

〔隋〕展子虔《游春图》

此图展现了水天相接的情形，青山叠翠，湖水融融，士人策马山径或驻足湖边，美丽的仕女泛舟水上。画上有宋徽宗题写的“展子虔游春图”六个字，现存北京故宫博物院绘画馆

宋代是中国古代绘画艺术的顶峰时期，其绘画不仅注意写生和技法的探索，而且还出现了大量的文人画家，主要有苏轼、黄庭坚、米芾等，使绘画从诗歌中汲取营养，以诗入画的风气更加明显。到了元代，则崇尚以书入画，强调笔墨情趣的形式感，出现了赵孟頫、黄公望这样的一代宗师。

〔宋〕苏汉臣《冬日婴戏图》

此画描绘的虽然是冬景，但是花园中翠竹青青，茶花、梅花竞相开放。儿童形象富而不骄、华而不贵，充满宋代城市中的世俗生活情趣

〔五代宋初〕李成《晴峦萧寺图》

此画以直幅形式画冬日山谷景色，画中群峰兀立，瀑布飞泻而下，中景山丘上建有寺塔楼阁，山麓水滨筑以水榭、茅屋、板桥，间有行旅人物活动

〔南宋〕马远《踏歌图》局部

此画描绘的是雨后天晴的南宋都城临安郊外景色，同时也反映出丰收之年，农民在田埂上踏歌而行的欢乐情景

〔南宋〕李嵩《听阮图》

此画园中高木奇石，枝叶蓊郁，树下士人持拂闲坐于榻上，左腿盘起，聆听拨阮演乐并赏古玩。旁有仪态娇美仕女，焚香、拈花、持扇随侍

〔元〕赵孟頫《浴马图》

此画描绘的是在盛夏的郊外，一泓宽阔的溪水，潺潺流淌，清澈透底，溪边河岸上梧桐、垂柳，茂密成荫，有骏马十四匹、马倌九人

〔元〕黄公望《快雪时晴图》

此画描绘了雪霁后的山中之景，其中除一轮寒冬红日外，全以墨色画成。高山上留有积雪，天边处有一轮红日，横带一抹红霞，生动表现出雪后初晴时明朗秀美的景象

〔明〕沈周《庐山高图》

此图中高耸的山峰层层堆叠，直入云霄，山势险峻，有的雄浑壮观，有的孤峰凸起。山中云雾缭绕，起伏缥缈，山顶、山腰则一片绿意盎然，充满生趣

〔清〕金农《红绿梅花图》

此画全幅花枝繁密，生机勃发。以大笔淡墨画干，浓墨点苔，枝条疏密有致。勾花点蕊，以粉朱、铅白点染花瓣，清丽秀逸，有暗香浮动、韵清神幽之感

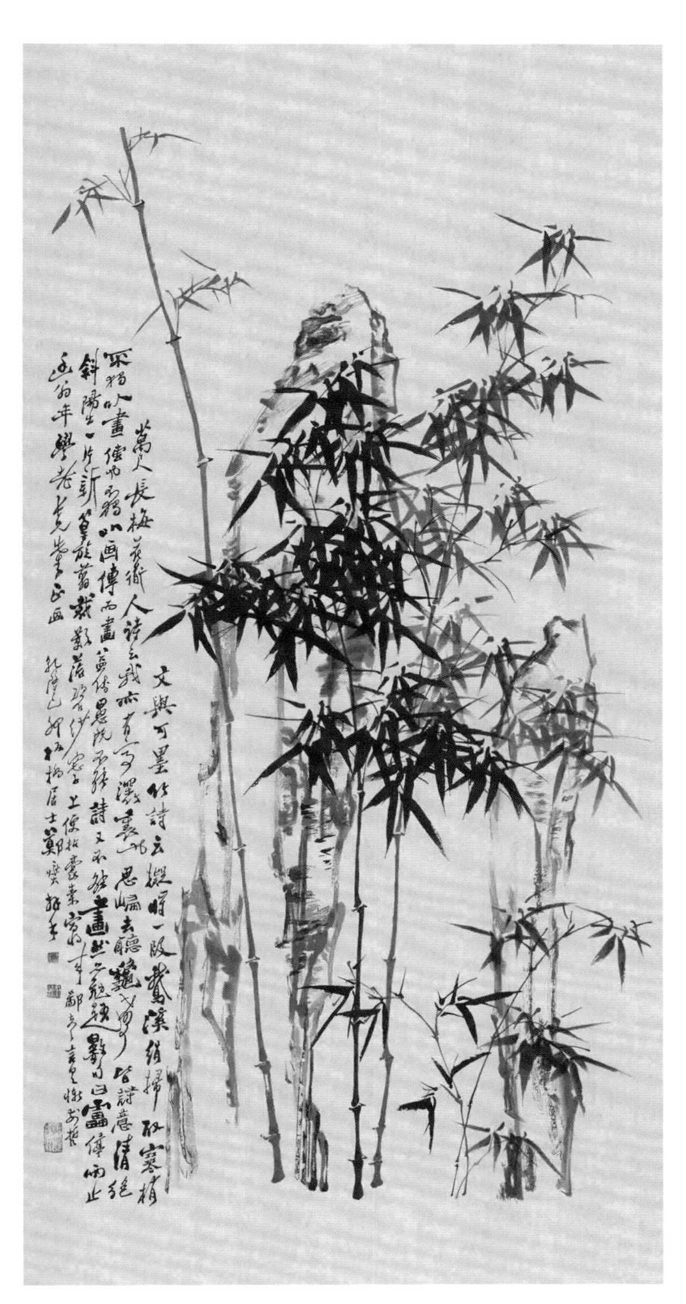

〔清〕郑燮 《竹石图》

此画笔墨不多而别有风韵，画面上修竹数竿，长短各异，各自独立，却顾盼生情。竹后有巨石，居中高耸

〔明〕边景昭 《三友百禽图》

此图描绘了初冬时节，百禽嬉戏于松竹梅之间的场景，画中禽鸟或飞翔，或栖息，或嬉戏，或高瞻远瞩，或转首探望，或自理羽毛，无一重复，整个画面气氛热闹欢快、生机勃勃

新中式风格中的装饰画，在保留中国传统绘画灵魂的同时，利用现代技术及艺术表现形式大胆创新，而且还加入了一些西方的绘画元素。但万变不离其宗，所选题材均以中式传统元素为主。花鸟、山水元素是新中式风格常用到的绘画题材，不仅可以将中式的美感展现得淋漓尽致，而且能将整体空间变得色彩丰富，让新中式风格的家居空间显得瑰丽唯美。

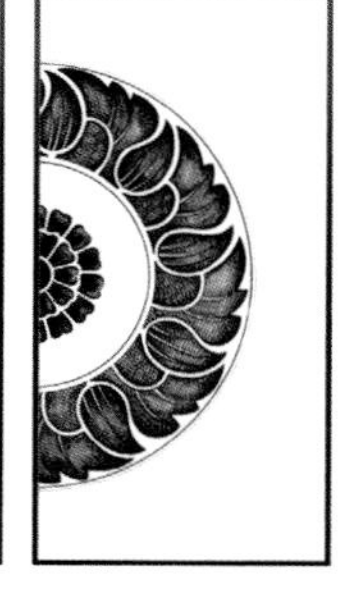

⊙ 新中式风格装饰画

⊙ 新中式风格装饰画一般会采取大量的留白手法渲染唯美诗意的意境

在新中式风格的空间里，将传承千年的古代绘画艺术与现代表现形式相融合，呈现耳目一新的视觉效果。

⊙ 新中式风格的装饰画题材通常以中式传统元素为主，在寓意吉祥的同时注重与其他软装的色彩呼应

⊙ 将古代绘画内容与不规则几何造型的现代无框画相结合，表现形式大胆创新

五 园艺景观

在装饰完成以后，园艺景观的点缀同样不可或缺。在新中式室内设计中常见的园艺装饰品主要有植物盆景、观赏奇石、建筑微景观等。

盆景艺术发展与传承源远流长，不同地域分别发展出了不同的流派，并各具特色。盆景艺术讲究师法自然、技法精湛、继承传统、兼收并蓄、大胆创新，使自然美和艺术美得到和谐统一。有些执着的盆景艺术家为了创作出满意的作品，会将其带到天气环境极端的地方打造，可谓独具匠心。

盆景一般由建筑、山水、花木等共同组成，讲究有诗情画意，其中的山石往往与水并置，所谓“叠山理水”就是要构成“虽由人作，宛自天开”的情境。盆景的妙处就在于小中见大，能够在有限而封闭的空间里，营造出无限及广大的视觉体验。一件适当盆景艺术的摆放，会让整个空间的氛围环境得到升华。在居室的软装中，植物盆景常以仿真的形式出现，有效避免了由于气候不适宜和打理维护不善等原因造成植物干枯破败的情况。

⊙ 盆景是自然景观的再现，从选材到作品的形成，都要符合自然法则

⊙ 盆景艺术元素的运用将中式风格的人文气质挥洒到极致

说起观赏奇石就不得不提到太湖石。太湖石又名“窟窿石”，是石灰岩遭到长时间的侵蚀后慢慢形成的。形状各异、姿态万千、通灵剔透的太湖石，最能体现皱、漏、瘦、透的美感，其色泽以白为多，少有黑和黄。太湖石是中国古代著名的四大玩石、奇石之一，常见于苏州园林和古代的画作中。在室内装饰中多用太湖石的工艺品摆件来点缀空间，以增加古朴优雅的文人气质。

⊙ 仿太湖石造型的树脂摆件虽采用现代的工艺技术，却能为空间注入含蓄深远的古典意境

⊙ 奇形怪状的太湖石犹如一尊尊既具象又抽象的雕塑

建筑微景观在室内的应用可以让空间衍生出灵魂，并与观赏者形成心灵的对话。常见的表现形式有木质的亭、台、楼、阁摆件，或者具有建筑形状的工艺品灯饰等。在室内空间中应用建筑元素，同样也是风格的延续以及人文的诠释。比如徽派的马头墙在室内异质化表现下会给人带来不一样的感官感受，当然在设计手法上最好还是以抽象化为主，因为太具象化的设计会限制人的想象。

⊙ 抽象化的徽派马头墙造型摆件

⊙ 木质古建模型摆件

植物在室内的应用同样非常重要，因为没有植物的空间就没有生机，绿色会给人带来活力。在众多植物中，中国文人最为喜爱的有梅、兰、竹、菊、松树、莲花等，而竹子则是最为常见的一种，苏东坡曾言“宁可食无肉，不可居无竹”，竹子在苏东坡心里的地位超过他喜爱的食物，文人对竹的钟情由此可见一斑。而竹子不但栽种方式灵活多样，并且易于成活，颇受文人青睐。

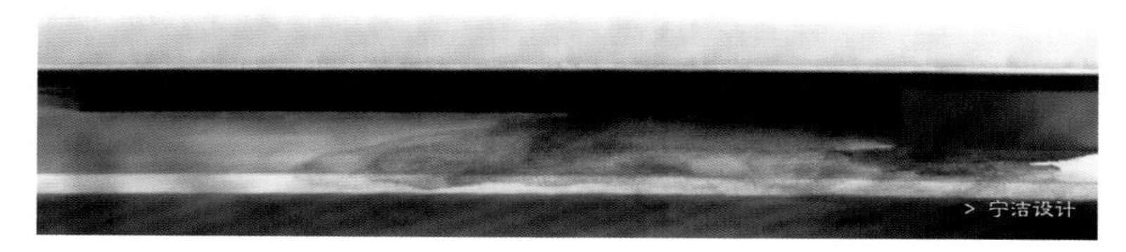

> 宁洁设计

⊙ 竹子与中国人内敛含蓄的气质相契合，受到历代文人墨客的喜爱和推崇

> HCL 林志豪设计

⊙ 中通外直的竹子姿态给人一种挺拔不屈的印象，疏枝密叶之间浮动着的是波光竹影，流露出淡淡的诗意

六 餐桌摆饰

新中式风格在餐桌摆饰上追求清雅端庄的搭配效果，因此选择的餐具要大气内敛，不能过于浮夸。在餐巾扣或餐垫的装饰设计上，可以融入一些带有中式韵味的吉祥纹样，不仅美观，而且还可以起到传承中国传统美学精神的作用。一些质感厚重粗糙的餐具，古朴而自然，清新而稳重，可以使就餐氛围变得大不一样。

⊙ 中式餐桌上常用带流苏的玉佩作为餐盘装饰

⊙ 古朴、自然而厚重的质感，是粗陶餐具的一大特点

中式餐桌上的装饰物不宜过多，以盆景作为餐桌的主花是最佳选择，保持了餐厅空间的沉稳与雅致。

⊙ 以寓意吉祥的松柏盆景作为餐桌的主要装饰

七 中式茶道

中式茶道非常注重品茶的内涵，品茶环境一般由茶桌、茶具等元素构成，并且要求安静、清新、舒适、干净，带有神思遐想和领略饮茶情趣的意境。中式茶席以“空灵清净、彻见心性”的禅学为本，多通过花艺、茶壶、茶盏、茶罐、茶巾等多种元素来展现意境。在材质的选用上多为棉、麻、丝、竹、绸等，力求以自然之道诠释茶之本然，表达空、透、远的意境。

⊙ 新中式空间中的茶具

⊙ 利用树根的自然造型制作而成的茶台，勾勒新中式空间的气韵与情致

在新中式风格的茶室内，常以木质茶案、桌椅来表达对大自然的尊崇，而且不做过多的修饰，表露出其优雅的中式空间之美。在茶室的装饰元素上，可从整体风格、空间布局，以及灯光照明等方面出发，搭配绿色盆栽、紫砂陶器、香具、挂画等营造出温婉和谐的茶室氛围，让人充分体会到中式茶道的独有情怀。

⊙ 新中式风格的茶室摒弃了一切烦琐的华丽装饰，一方茶席，一帘幽梦，简单朴素的格调，却深藏一番意境

⊙ 中式风格的茶室常以原木的柜体、桌椅来表现对自然的向往，而且不经打磨装饰的细节，给人一种自然之美

【第五章】

新中式风格设计实例解析

【第一节】

材料应用实例解析

> 大集意巢设计

1 大理石吧台

大理石材质虽然稍显冷硬，但其细密的质地和多变的自然纹理，使其成为提升空间品质感的不二之选。此处的吧台“独具匠心”地用柔和的横向流线纹理拉伸视觉空间，用夹绢玻璃和绒布窗帘加以柔化，悬挂的玻璃吊灯引导视线下移，形成和餐桌对位的独特区域。

2 铜质屏风

在空间中大量使用铜构件，成为当下设计界体现奢华的流行风尚。玫瑰金奢华，拉丝铜精致，而做旧的古铜会让空间在体现奢华的同时，又带着沧桑的厚重感。这里用新中式纹样的做旧古铜屏风将空间分隔，屏风上透空的圆形最是灵动，铜质的厚重感在此刻被巧妙化解。

3 亚克力灯

极具现代感的亚克力灯具是空间最耀眼的存在。亚克力光源的一致形态，由大到小的阵列，由宽及窄，有放有收，暖暖地绽放着舒缓的光，既照亮餐厅空间，又别有心机地将空间石材和铜质营造的冷酷感变暖，下方的植物懒懒地舒展着枝丫。

4 拼色护墙

直线造型的白色墙板，用金属线条收口，并对墙面进行分割，一致的材质保留了空间的整体感。墙板下部小面积用白色石材，和地面材质一致，既延伸地面视线，又统一空间调性。墙板上半部用暖白色硬包，柔化石材带来的冷硬感，让空间墙面可触之处，皆有家的温度。

1 斜纹石材电视背景

对称的斜纹石材在深色木质和黑色石材的映衬下，格外大气，纵向斜纹线条和中心的黑白根石材分线，更有效地突出了空间高度和纵深。两侧的玫瑰金线条透空格栅和镜子一同表现出实体墙面的通透感，让空间呈现奢华精致又空灵通透的视觉效果。在视线中心，横向两侧的水晶吊灯，将玫瑰金线条的闪耀感映射得流光溢彩，成双成对的鎏金瓷瓶和翠色玉环分立两侧，体现了均衡的中式美学。

2 条纹地毯

新中式的奢华空间，搭配质地柔软且针脚细密的羊毛地毯或混纺地毯，是增加空间舒适度的优选。空间中的羊毛地毯铺设在浅咖色的地面，让空间中冷硬的石材都带上了柔软的温暖质感，如枯山水般的弧线纹理，在空间中穿插自如，让整个空间都有了唯美的连续性。

3 木质墙板

木材可以表现空间的温馨，不同的材质和色系可以体现空间的奢华和深沉，深色的黑胡桃面的木质纹理简洁而不凌乱，均匀的深色材质色调充满沉稳的空间调性，和金色搭配更是低调地展现了空间的品质感。

金属搭配木质的茶台陈设

金属和木材，在设计中，一直以来就是最佳组合，是表现空间奢华感的不二之选。暗金色的金属茶台腿，在线条的跳跃中富有节奏，木质的台面，不同寻常地以斜型木纹交错穿插，将金属的光泽和木材的温润表现得淋漓尽致，白色的水墨茶席和黑色的桌面在冲撞中完美结合，红透的枫叶随性地插在花瓶中，让其下的黑陶兔毫盏也似要进入画中，宛如枫下奉茶的唯美画卷。

岩板屏风

屏风的作用在于分隔空间。整幅的岩板以斜向的独特方式立在餐厅和茶室的交界处，和茶室空间的深色木质家具形成完美的衔接，黑色金属线条的收口，符合深沉雅致的空间调性，直线条利落干脆，餐厅空间半掩半开，若隐若现的遮挡让人对被其遮挡的空间充满了遐想，富有中式风格含蓄的美感。

六角地砖

当我们看腻了中规中矩的方形瓷砖或直棱直线的木地板,可以通过改变形式来打破传统材质的束缚。空间中的六角砖用三种不同的色彩，由浅到深渐次过渡，却不显凌乱，打破了空间的直线格局，用六角形的衍生性，使空间异趣横生。

❶ 铝板雕花

铝板因耐腐蚀，抗氧化和环保性好等特性，已成为室内空间常见装饰材质，空间中，将云纹铝板镶嵌入海棠角吊顶凹槽中，和海水江崖的铜板屏风呼应，也将平步青云的寓意带入空间。

❷ 石景山水

空间过厅以庭院布置的设计形式来打造灵动的新中式空间：两块景石以交错的形式，化生阴阳，浮山掠影，以静生慧；石下水池，用代表五行中水的黑色石材围合，水静风止，水波不惊；用雾化设备，升腾水汽，云蒸霞蔚。整体空间营造道法自然，境由心造的至善境界。

❸ 海水江崖

高耸直立的镂空铜板屏风，用海水江崖纹样大幅装饰，将空间的文化底蕴缓缓释放。海水江崖是中国的一种传统纹样，又称“江牙海水”，常用于古代龙袍及九卿官服下摆，属《礼记》中十二章纹之一。波涛翻滚，山石挺立，侧方祥云相伴，有福山寿海、一统江山的美好寓意。将海水江崖纹简化阵列，用屏风的方式表现，在屏风上用如意铜纽装点，如意铜纽中嵌入如意结，也将设计者和空间使用者的美好愿望注入其中，意蕴悠长。

❶ 木质铜件床柜

木质的床柜紧靠在床的侧边，儒雅的黑色将木质的温婉缓缓释放，让空间散发实木的暖香，表面触手温润，大线条的铜件让空间的精致度再次提升，中央的磨砂铜纽，使用独特的打磨方式，梦幻般地反射出迷离的空间质感。

❷ 苏绣背景

苏绣是中华民族优秀的传统工艺，同时也是我国的非物质文化遗产，与湘绣、粤绣和蜀绣并称“中华四大名绣”。苏绣具有图案秀丽、构思巧妙、绣工细致、色彩清雅等独特风格，其图案题材多样，以人物、景物、花鸟更为多见，绣品具有平、齐、和、光、顺、均等特点。空间中独特的苏绣背景，让苏绣不局限于艺术表现，更贴近居家的品质生活。空间中灰色的丝质软包背景和床头色系一致，让空间整体而大气，丝质特有的细腻织面不失典雅风尚，其中的丝绣鸟类图案振翅欲飞，为整幅墙面添加了灵动感。

丝绒床品

柔软的丝绒床品，为灰调时尚的空间添加了温暖活泼的气息；满载童趣的蓝色系宛如五月午间的微风拂过颈间，让睿智典雅的灰色也漾起层层波澜；白色的针织床旗搭在蓝绒被面上，白色和蓝色天生绝配，让人有一种躺在春季和煦的微风中，微微沉醉的感觉。

1 多种材质混搭的床头背景

木质墙板背景的温暖感，在视平线之上被清幽白色带出了孤高的傲骨，独特的金属分隔，以不同寻常的横向线条连接横向木纹，呈现纵向分隔的形态，拉伸空间纵深，灰调的云纹在墙面转角处，有种穿越时空的邃远。

丝绸床旗

中国红和中国蓝，一直以来都是新中式空间中常用的色系，能为素雅出尘的新中式空间增加入世的烟火气，红色热烈，蓝色睿智，都能有节制地体现中式的贵气。丝绸的高级感，在灰调的床品映衬下更显精致，深浅两种不同色调的蓝色，在素雅空间的渲染下尽显风流。

木质吊顶

和床头同色系的木质吊顶，顺纹拼面，统一空间风格，软光灯条的分隔见光不见灯，以舒适的灯光氛围，分隔大面，让顶部空间向上延伸，突出顶部空间的高度。镜钢线的收口，细节感满满。

地面汀步

以传统园林的手法来营造室内空间的文化底蕴，已是时下流行的做法。青石汀步随意散布在房间中，却又组合出蜿蜒曲折的小径，十分幽静，周围填以深灰色雨花石，如栖身竹林的隐士，率性而洒脱，让浴室有了不寻常的趣味。

简约水台

盥洗台以花纹小却极显大气的爵士白石材为基础，以无比简约的形态衬托出空间的宁静，其上黑色洁面盆和白色基色形成对比，线条极简、形态利落的铜质妆镜挂在盥洗台上方，位置恰到好处，简约得恰到好处。

火山岩浴缸

火山岩浴缸由整块火山岩开凿制成，每一款都有自己的独有形态和石材纹理，粗犷中带着自然奢华的气息，在空间中不仅彰显着居住者的底蕴，还因为火山岩保温效果和石材本身蕴含的能量而为沐浴者带来非凡体验。

1 圆形床柜

圆形对于空间的作用不言而喻，因其明确又清晰的形式结构，以及蕴含的丰富情感和多变的视觉形态，而成为标志性的设计手段。本案空间中的床头柜，在形态上将面消隐，只余下让人印象深刻的线条。在视觉上，线面构成以简洁明确的设计手法，将视线集中和聚焦，极具向心力，将圆形的流动之美，以圆润饱满的姿态展现在空间中。

2 陶瓷墙饰

白瓷纯素的色彩和精致的工法，将花瓣轻薄均透的质地表达得淋漓尽致，不论窗外是皑皑白雪，还是炎炎夏日，都可以感受到空间中的一抹春意，白瓷花朵以黄金分割线为轴，看似无矩却别有韵律地散布在乳白色的硬包背景上，丽而不艳，让白色的空间主题有着丰富的层次和视觉享受。

3 织面窗帘

室内软装设计中，窗帘有着分隔室内室外视觉空间，保持居室私密性的作用，材料和款式选择丰富多样，是软装设计中不可或缺的装饰。装饰性和实用性巧妙结合，是现代窗帘的最大特色。窗帘有布、麻、纱、铝、木、竹等不同材质，仅以布为例，就有棉纱、涤纶、混纺、棉麻、无纺等种类。在卧室的窗帘选择中尤以呢绒、灯芯绒等混纺材质更受欢迎。绒质窗帘的柔软和温暖感，是增加空间温度的最佳选择之一，厚重的窗帘，将居室和室外重重隔开，让人沉溺于自我空间中，温暖而舒适。

1 微晶石材

微晶石在业内又被称为“微晶玻璃陶瓷复合板”，是将一层 3~5mm 厚的微晶玻璃覆在陶瓷玻化石的表面，经过二次烧结后完全融为一体的高科技产品。具有晶莹剔透、雍容华贵的特点，以其自然生长而变化各异的仿石纹理，色彩鲜明的层次，鬼斧神工的外观装饰效果和不受污染、易于清洁的特性被广泛使用。比起石材，微晶石有更强的耐候性，成为现代高端家居设计中，最常用的地面材料。

2 浮雕软包

浮雕技艺是中国的传统手工技艺，有着源远流长的历史。好的工艺品都能体现出雕刻师的聪明才智和精湛技艺，优质的浮雕作品也是值得收藏的传世佳品，它的立体形象脱离原来的材料平面，将所要表现的立面形态，在平面上表现出来，所占空间小，所以适用于多种空间装饰。空间中的大幅浮雕软包，恢宏大气，提升了空间质感与品位，浮雕图案也可以更好地表达设计者的思想。

3 纱绢屏风

纱绢的通透感，是分隔空间却又不会把空间划分得过于逼仄的最好材质。不论是织染山水的空灵，还是纯白纱感的通透，都能把空间打造得空灵而典雅。铜质边框将纱绢包裹，细腻和精致的搭配，既突出了空间的品质，又让空间带着含蓄而包容的东方气质。

浮雕软包

浮雕软包是现代设计中应用最广泛的手法之一，大多采用皮革或布艺作为表面材质，内部填充海绵，其自身的立体感更有效地突出了表面材质不同的质感。随着更多皮革材质的应用，皮雕软包以其硬挺的质感和多种图案雕刻特性，进入硬装设计的视野。空间中的卡其色皮革软包典雅大气，浮雕的抽象山形水云纹为常见的软包材质增添内涵。

铜质吊灯

用铜作主要用材的灯具款式极多，但能把常见的材质用到极致，将灯饰做成艺术品的，却不常见，空间中的铜质吊灯，灯具形态具包豪斯点线极简美学特点，巧妙地将灯具布线隐藏到竖向的铜质吊杆中，用球状环形扣来固定结构，结构合理且形态优美。灯具下方的陶瓷马，更像是灯具向下部的视觉延伸，让灯具在极简美学中依然体现其独到的艺术性。

3 拉丝铜板

在室内设计中，材料的细节纹理、硬装工艺的艺术性，都需要设计师做出取舍和平衡。在本案空间中品质感极强的拉丝铜板将窗帘巧妙隐藏，为床头留出了精致完整的框选空间。配合优雅的绒布窗帘，激发空间的视觉冲击力。木质地板的纹理反射到拉丝铜板上，用视觉的交错来弱化金属的冰冷。自然材质和现代工艺的结合提升了空间质感。

① 镜面吊顶

镜面材质的反射效果，常起到延伸空间的作用，即便是简单的形态，都可以使空间看起来更为开放，营造出富于变化的空间感。本案空间的镜面装饰到顶部，将地面物品反射到顶部，让人抬头仰望时，有了魔幻现实主义感。虽然玻璃胶和结构胶的黏结性已经足够满足硬装中玻璃黏结的使用场景，但顶部玻璃的固定和安全性，依然需要多加注意。

② 丝绢吊灯

空间吊灯一改常见的灯罩形态，用圆形铜质框将 LED 软光灯条巧妙地藏入其中，提升了空间亮度，营造出见光不见灯的光环境。框中的山水印染丝绢，薄纱轻透，将光用漫反射的方式，均匀撒向空间，照射得朦胧又有禅意，体现出产品设计师高超的用光技巧。

③ 大板书桌

空间中的书桌，用昂贵的树芯大板整面铺陈，将空间的华贵与质朴融于一处，无比和谐地呈现在观者眼前，看似随意摆放的竹简和书卷，将主人诗礼传家的生活态度于无声中缓缓道出。桌上的迎客松下花岗石的微缩景观生动活泼，盆栽容器被桌上培土和生机勃勃的苔藓覆盖，表现出“松下问童子”的山隐逸趣。

软包端景

软包因其独特的材质和柔软的手感，成为当代设计中出镜频率较高的手法，搭配金属，可以体现精致，搭配木质，又能体现其材质独特的优雅和深沉。本案在空间的角落，以软包为主的端景置物架，以独特的连接方式，营造出悬浮感，以其独特的工艺体现空间的品质感，别出心裁地在置物架中加入具有现代感的装饰吊灯，在对称中，体现均衡之美。

悬吊装置

随着现代工业体系的不断发展，装置艺术早已没了高不可攀的姿态。它逐步走入家居环境，并被广泛应用于样板间、私宅设计中。本案空间内部的通行区域上方，星罗棋布地吊装白瓷装置，以柔润的材质、曲线美的形态，使得狭小不见光线的通行区域也成为装饰亮点，其吊装的韵律，使得空间似是在时间中流动。

金属雕板

不规则图案的金属雕板，以镜面做底，在空间中大面积出现，充满现代的时尚气息，局部用掐丝工艺的表现形式，嵌入纹理丰富的石材板面，三种材质不同的反射质感，在细腻工艺的融合下，更显整体空间的典雅与奢华。

1 玄关装饰组合

极简风尚的黑白线条玄关柜上陈设精致的云石山形装饰，错落的陈列让精致的空间充满自然美学的韵律，搭配具有反射作用的铜质挂画，使空间视觉在规则的韵律中进一步升华，让空间在统一调性的木饰面上呈现精致与奢华。

2 顶部铜线

现代工业制品的成熟发展，让金属制品，尤其是铜在空间设计中的应用更为丰富。本案空间中精心选择的亮光铜质线条，反射着闪耀的光泽，大大提升空间的精致度，在新中式轻奢风格中尤为常见，搭配简约的吊顶，更起到凸显精致的作用。

3 金属柜体

亚光金属的优雅，搭配玻璃的通透，让空间通透而轻灵，让空间分割突破以往的沉闷。光线透过玻璃，在空间中规则地散射。整体明快简洁，玻璃侧板安装精心定制的铜质吊顶，用侧吊低悬的方式，体现出别致的设计感。

4 木质墙板

木质墙板在现代设计中应用广泛，木质独特的自然质感，让身处其中的人有着舒适的温暖感。本案空间用统一的铜质线条收口，令自然质感的木材倍添精致。浅色的木系可以更好地呈现“家的味道”。现代科技木花纹繁多，让设计的选择更为多样。

❶ 木材拼板

科定板的面世，让一直以来需要开方才能实现的整屋木质硬装，变得更加便捷。科定板又叫“KD 板”，全称为“科定涂装木皮板”，其厚度为3.0~5.2mm，木种不同厚度稍有差别，因科定公司率先研发成功并推广，所以该材料以科定公司名字命名。KD 板以纹理多样且施工便捷迅速在硬装材料中占据一席之地，除了天然木皮外，还有电脑调色制版的科技木皮，让空间木饰部分更为多样，也更符合设计师的预设风格。

❷ 水墨铅画

精选的陈设、材质和精致的细节处理，无一不体现设计师极致的美学追求。装饰画的选择更是软装的重中之重。画作的艺术表现形式多样，现代的空间设计已经完全可以将不同绘制方式的画作进行完美的呈现。水墨和铅笔画虽黑白色彩对比强烈，但又不会因为浓烈的色彩而喧宾夺主，成为极致简约的空间中应景的首选，铅线的秀丽和水墨的写意，于远近的交错与呼应中，成为空间装饰的点睛之笔。

❸ 太湖石饰

不同的艺术陈设为空间的转换增加了独特的艺术性，用层层递进的手法，将空间进行串联和升华。空间中的白瓷太湖石陈设无疑成了空间特别的存在，素色的白瓷落在浅水盘上，不抢风头且不减风华，下面自然叠放的书籍，使得空间浸透了墨染的书香。书籍、水盘、太湖石，互相独立却又融成一体，层层叠放，让每个瞬间都能给人以启迪和升华。

> 昊泽空间设计

金箔墙面

泥金亚光金箔的质感高贵大气，若隐若现的山水、枯枝、屋舍，又为贵气的金增加了大隐于市的飘逸感，摆脱了传统闪亮金箔为人诟病的俗气，以玫瑰金线条直线型分隔，形成一幅六扇屏般的精品画作。

扇形绸缎床饰

典雅高贵的紫色绸缎床饰与经典皇家蓝搭配金箔的墙面，把空间的高贵感体现得淋漓尽致，床旗低饱和度较为含蓄的紫色与咖色正是绝配，在咖色的深沉中，添了风情。折扇形态的床饰，装点于床尾，于一隅平铺中，款款而来。

树瘤台灯

树瘤台灯的款式古色古香，形态的独一性让瑰丽华贵的居室空间带着不拘一格的洒脱，黑色的金属灯杆隐藏在深色的床头背景中，让白色灯罩上的水墨犹如生花妙笔，在空中灵动飞舞，在金、蓝、紫的华贵中，加了几许狂放的墨香。

1 木质隔扇

隔扇，宋代称作“格子门”，是安装在柱子中间，用于分隔室内空间的构件，其宽高比例有着明确的记载，明清时期隔扇的宽高比多为1 ：3或1 ：4， 用于室内的碧纱橱宽高比可达1 ：5或1 ：6。明清时期的隔扇，根据空间和用途不同，有六抹、五抹、四抹和三抹之分。本空间中使用的为木质六抹隔扇，搭配在中式空间中，更添传统风韵。绦环板下的裙板，创造性地使用与上方的棂条花心相同的斜搭斜交方眼格，相较传统的实心裙板，更添通透和灵巧感。而传统的构成方式，在空间中尤其显示出其历经时间镂刻的岁月痕迹。

2 木、铜材质的榫卯结构背景墙

木质和铜质线条的搭配，以阴阳咬合的方式，将传统榫卯结构的交错咬合用现代的工艺和材质重新建构，用阵列的方式表现出空间的张力。铜质线条在空间纵向排列，对空间的视觉高度进行拉伸，别出心裁的似断似连结构形式，体现了中式风格中负阴抱阳的意蕴，将中式底蕴以当代艺术的方式予以另类解读。

3 墀头梁饰

用传统梁柱结构对空间进行分隔，让空间更显古朴。梁头一改传统云纹梁角的间架，将小式建筑的墀头七分比，融入梁头装饰，让梁部更有其独创性的美感。横向伸出的梁头，似有指向性作用，让到访者将空间之美尽收眼底。

硬包护墙

身处此空间，立刻能感受到空间的多样质感。呈现规律条纹肌理纹路的深灰色软包，将布艺的纹理质感和收口铜线演绎得丰富而优雅，这得益于设计师的独到匠心。材质和色彩的搭配内敛而优雅，空间呈现稳重而富有变化的精致感，既适合中年人群，也能让年轻人心动。

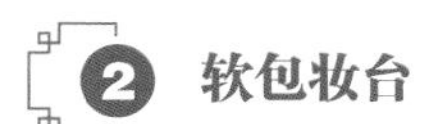

软包妆台

华丽的玫瑰金桌腿和收边搭配丝绒质感的抽屉和桌面，都毫无违和地融入空间意境，形成一幅流光溢彩的生活画卷，桌上精致的金属妆盒不仅具有收纳作用，还能提升视觉丰富度。桌上的传统女性物件——“汤婆子” 经过现代淬铜工艺的打制，以花瓣形铜盘为衬，在墙面镂空铜纽的映衬下，更增加了几分谐趣。

屏风分割

用优雅玫瑰金线条包裹的夹绢玻璃来分隔此处的屏风，隐约中透过花枝与绢纱将其他空间的低调纯美框入云雾纱笼中，让切割的空间透着几分朦胧含蓄的东方美。用朦胧的夹绢玻璃来分隔不大的空间，是现代设计中常用的设计手法，让光线和美景融入狭小空间而不显逼仄，再添上线条粗犷的白色的山型端景陈设，让此处更添韵味。

1 几何纹混纺地毯

几何纹理的混纺地毯，在空间中搭配好是格外亮眼的存在，和茶几风格一致的几何纹理，将中式纹样解构并重新组合，铁锈色和蓝色的撞色，无言地诉说着空间的典雅与精致。混纺地毯是在纯毛地毯中加入一定比例的化学纤维，在花色质地和手感上与纯毛地毯差别不大，但提高了耐磨性，并克服了纯毛地毯易受虫蛀的缺点，比起纯毛地毯，混纺地毯还有吸声、保温、弹性好、脚感好的优点。在当代设计中，是较为重要的软体配饰。

2 镂空茶几

镂空茶几的“卍”纹有着吉祥如意、平安喜乐的美好寓意，作为常见的中式元素，广泛应用于新中式空间的装饰设计中，玫瑰金的“卍”纹阵列围成圆形，不仅体现了空间的艺术细节，更沉淀了美好的寓意于居家生活，上面的云纹理石，搭配精挑细选的中国风陈设，在地毯的映衬下成为空间的视觉中心。

3 线条屏风

具有明显艺术装饰风格的线条屏风，似跃动的音符，巧妙地体现了设计师新装饰主义的设计主张，半透的白色绢质屏风和黑色的艺术装饰线条，共同演绎出了新中式装饰风格的典雅与精致。

地面波打线

波打线又叫“波导线”，在室内设计中，一般用它来分隔空间，强化边缘，进一步装饰地面，它使空间的地面更富有变化且更具艺术性。本空间中的波打线一改常用的“绕边交圈”的方式，而创意性地将波打线延伸到过道的位置，并与餐厅似连似断，和顶部铜线天地呼应，让空间的视觉向深处无限延伸，以线带面，突破空间界限，让空间具有极强的穿透性。

几何挂画

几何纹理的线形图案和轻奢主义的简约中式美学形成完美的搭配，黄金分割的灰白搭配和空间白色接续，又点睛般地突出装饰品的艺术感，由大体块到小体块的过渡体现空间和艺术品丰富的变化，铜质的镜框线条恰如其分地加在画作外面，和空间的铜线收边形成呼应。

木质弧角矮柜

木质的弧角电视柜，弱化了空间的直线角度，让过道区域的空间通行更为便利，对空间使用者有着更为友好的居住体验。铜质的加入增强了空间的精致感，黑色的收口线条优雅地绕过灰调的弧形外侧，为简约的轻奢主义空间增加层次变化。

> 杜文彪设计

浮雕硬包背景

卧室的白色背景，极为到位地体现出空间的极简意境，墙板上的海草和金鱼的浮雕，使空间简约而不简单。两侧的分隔恰到好处地位于黄金分割线处，体现出设计师别具一格的机巧。黑色的线框收口，既体现出墙面直线条的硬朗，又和侧方的断桥铝阳台移门衔接，将面域视觉延伸。

创意床品

床品经典的灰白配色体现出空间的时尚品位，灰色的床旗平铺于床上，富有品质感光泽的饰品落于床旗上，更显床的柔软。床尾凳用软包与木材以别具创意的方式横向组合，和顶部的中线形成独特的对应关系。

卧室地板

木地板以其温润的质感和多样的选择，成为卧室空间地面装饰的宠儿。木地板以材质划分，可分为实木地板、复合地板和实木复合地板。实木地板是用天然木材，不经黏结处理，直接加工而成，以其高端大气的质感，无污染的自然特性，风靡于别墅空间，但其价格略高，且有一定保养难度。强化复合地板学名为“浸渍纸层压木地板”，耐磨性和稳定性较好，价格低廉，但环保性和舒适性略差。实木复合地板以多层实木胶合板为基础材料，在基材上拼贴高端木材薄片加工成型，兼具实木地板的高档和强化复合地板的稳定性，又弥补了强化复合地板的环保性不足和实木地板价格高昂的缺陷，已成为当今市场中较为广泛的选择。

❶ 电板屏风

深色屏风的木质本体若是整面出现，则会稍显深沉。本案创意性地加入铜质电板雕刻，让金属自然的光泽和木质深沉的纹理，在互补中形成呼应，既让金属的精致感得以大面积展现，又恰当地化解了木质过多带来的深沉感。透过和老木柱之间留出的缝隙，让人对其后的空间产生了更多的遐想。

❷ 实木立柱

自然开裂的老木柱，自然而带着岁月雕琢的痕迹，在中式风格的空间中尤为突出。柱基部分以老件的脚榫落在毛石的柱础上，老木柱上下端自然地收分，不做过多修整。以传统工艺刷上桐油，套上薄铜圆箍，既防止继续开裂，也让老件的丰韵得以在现代建筑中重新绽放光彩。

❸ 剪纸移门

中国传统技艺剪纸在这里用另一种方式重生，将传统工艺繁复的纹路加以解构，重新用线条的方式表现出来。让传统与现代，在当代艺术中邂逅；将过去传统和现代格格不入的观念打破，使得传统文化在现代建筑中以独特的形式表现出来；让传统和现代，在交融中打破时间的界限，给人带来一场耳目一新的视觉盛宴。

> 黄全设计

1 岩板墙面

石材削挺硬朗，触感润泽，纹路自然独特，是营造空间奢华感的材质之一，但其也因为自然开采，导致部分版面整幅较小，拼接处花纹散乱。其自身厚度较大，尤其干挂工艺，更是增加了不少空间厚度。而以现代特殊工艺高温烧制的岩板，因其轻、薄、硬、耐高温、规格大等特点，不仅可以用作整幅背景材料，还可以用于地面铺装、柜体柜门等。岩板就像画家手中的大幅画布，必然能在设计师手中，实现更多可能。

2 装饰挂画

现代艺术的山水装饰画装饰在此处，装点得恰到好处，用简洁的浅铜色线条，将一派飘逸的山水田园装入框中，给予墙面装饰的同时，还赋予空间内敛的文化气质。

3 镂空书椅

随着编织品使用的增多，镂空编织逐渐被应用到了装饰的各种领域，比如墙板、屏风和家具。本案中镂空编织品在椅子上部形成包围，不仅有和皮革不同的透气舒适，更有细密的包裹感，让人倍感安全和温暖。

【第二节】

配色设计实例解析

背景色【墙面】

驼色、深褐色、浅灰色

主体色【家具】

灰白色、浅灰色

点缀色【家具】

橙色、金色

1. 从局部来分析空间，墙面的书柜和书柜里摆放的装饰品会更加明显与突出，所以，只是墙面就已经给人很丰富的视觉感受。

2. 主体家具的颜色都以浅色系为主，清爽干净不花哨，和墙面形成反差。灰白色是新中式风格中较为典型的用色之一。

3. 灰色系的窗帘与家具同色系，但色彩比家具更深，视觉上的重量感与墙面一致，很好地平衡了空间中的深色和浅色。

4. 橙色及金色的细节点缀，给空间带来轻奢的质感。

背景色【墙面】
黑褐色、浅褐色

主体色【家具、窗帘】
米白色、黑褐色

点缀色【床品】
蓝灰色、浅黄色

1. 当背景色大面积运用深色时，一定要注意其他部分背景色和主体色的选择。

2. 卧室空间不宜大面积运用暗色系。在本案中，主体家具选用了舒适明亮的米白色，并与墙面的浅褐色呼应。

3. 蓝灰色和浅黄色的点缀也很重要，这两个轻盈的颜色，能增加卧室空间的舒适感。

背景色【屏风、地面】
浅咖色、米白色、咖啡色

主体色【家具】
浅咖色、米白色

点缀色【屏风、抱枕】
中灰色

1. 本案中灰色的运用十分精彩。

2. 背景色和主体色都是明亮的暖色系，米白色面积最大，与木质的浅咖色搭配，带来温和舒适感。

3. 空间中的重色，除了地板的咖啡色，就是灰色。

4. 床屏运用了一幅好看的屏风，空间中的背景色和主体色集中表现在画面上。灰色穿插在其中，如山峦间的浓雾，让人仿佛身临其境。

5. 抱枕的色彩与屏风的画面相互呼应。

1. 这是一个用色和谐稳定的卧室空间。背景色与主体色色调一致，都是在黄色系和橙色系中做深浅的变化。

2. 在空间中，墙面、窗帘的面积相对较大，这两部分都运用了较深的颜色。为避免空间过于沉闷，家具选用了浅色系。

3. 在同色系搭配中，可以点缀互补对比的色彩，将色彩的饱和度控制好，让其与空间的色彩基调保持一致。

背景色【墙面、地面】
驼色、原木色

主体色【家具、窗帘、床品】
灰白色、黑褐色、褐色

点缀色【抱枕、装饰画、地毯】
蓝灰色、橙灰色

1. 四周墙面和地面的色彩都是深色，例如：背景色墙面的原木色、地面的咖啡色、窗帘的暗橙色，以及边柜、地毯上的浅褐色。它们的色相与色调几乎都一致。

2. 深色容易让人感觉沉闷，在深色的大基调下，从墙面的壁纸到床以及床上用品，再到地毯上，运用浅色自然过渡，为卧室营造出舒适感。

3. 蓝色系的抱枕与空间中的重色相互呼应，加强了软装元素之间的联系，可以看到空间用色的节奏感。

背景色【墙面、地面】
霜雪白、原木色、咖啡色

主体色【家具、地毯、窗帘】
米白色、浅褐色、暗橙色

点缀色【抱枕、地毯、装饰摆件】
水蓝、金色、普鲁士蓝

背景色【墙面、地面】

原木色、中褐色

主体色【家具、地毯】

米白色、米灰色、黑褐色

点缀色【抱枕、地毯、装饰摆件】

靛蓝

1. 本空间中的背景色都是在中性暖灰的色系里做变化，色彩明度不高，色彩具有稳定感和成熟感。

2. 主体家具的颜色基本是以浅色为主，与背景色拉开层次，浅色让空间有透气感。

3. 在这个暖色系的空间中加入蓝色系，使空间多了一分清爽和宁静。通过墙面壁纸和地毯写意的图案表达，空间格调统一而丰富。

1. 背景色是统一的浅褐色，墙面的线条设计增加了装饰感。

2. 主体家具的色彩中，铅白比墙面颜色浅，黑褐色比墙面颜色深，这两种颜色与背景色组合是经典的搭配方法。

3. 空间色调融合统一，在冷暖色细微的变化中，蓝灰色和靛蓝的点缀增加了空间清冽的气质和灵动的生活感。

背景色【墙面】
浅褐色

点缀色【床品】
蓝灰色、靛蓝

主体色【家具、窗帘】
铅白、黑褐色

1. 背景色大面积是铅白，局部有深褐色搭配。值得关注的是沙发旁边的隔断装饰，让空间的整体基调有了传统感。

2. 主体家具的色彩是灰色系和深褐色，与背景色统一，有色彩层次。

3. 墙面的装饰画中，金箔材质传统给人一定的厚重感，与隔断装饰的气质相呼应。

4. 蓝灰色与铅白一样具有冷感，与空间中的暖色相互对比，也相互融合。

背景色【墙面、地面】
铅白、咖啡色、深褐色

主体色【家具】
中灰色、深褐色

点缀色【装饰画、灯、抱枕】
蓝灰色、古金色、橙色

1. 配色明亮的中式空间，背景色从墙面到地面基本都是浅色系的。

2. 主体家具的木质颜色和餐桌旁的屏风隔断颜色，都是统一的黑色。

3. 本案没有运用特别饱满的色彩作点缀色，温和地、小面积地将碧色运用在空间中。

4. 在新中式风格的设计中，有时无须添加过多的颜色，搭配黑白灰就能传递出美的神韵。

背景色【墙面、地毯】
浅褐色、灰色

点缀色【装饰细节】
碧色

主体色【家具、窗帘】
铅白、深蓝灰、黑色

1. 空间的黑白灰色彩关系运用得非常对称。墙面与地面的关系，家具的前后关系，都非常有节奏感。

2. 墙面浅，地面深，顶面吊灯的深色边缘与地面呼应。

3. 家具的木质颜色都是深色的，床幔、床上用品、灯罩以及床尾凳上的软包，都是浅色的。

4. 在背景色和主体色中，浅色的面积都大于深色面积，这让空间不沉闷，有清朗感。

5. 蓝色作为点缀色，出现在抱枕、床毯以及地毯上，仍然是对称的形式。空间整体用色是很舒适的。

背景色【墙面、地面】
白色、深咖啡色

主体色【家具、地毯、床品】
黑褐色、灰白、灰色

点缀色【床毯、抱枕、地毯、装饰画】
钴蓝色、蓝灰色、浅褐色

背景色【墙面、地面】
铅白、浅咖色、深灰色

主体色【家具、地毯】
铅白、浅咖色、深灰色

点缀色【家具、装饰摆件】
浅金色、蓝灰色

1. 色彩弱对比的卧室空间，温和而不失高级感。

2. 大面积背景色和主体色都是浅咖色和铅白色，地面的深灰色让空间多了一分肃静感。从设计角度理解，深色给了空间稳定感。

3. 边柜的深色与地面有呼应，让空间的深色不是孤立存在。

4. 空间虽然有深色，但浅色面积更大。浅咖色的地毯遮挡住了大面积的深色地面，因此，空间的整体色调仍然是明亮温和的。

5. 蓝灰色和金色不张扬地点缀在空间中，细微的变化和点缀让色彩搭配主次关系更加明显。

1. 三面采光的空间，明亮舒适。空间中的书柜前移，没有挨着窗，而是一个围合的造型，加强了稳重感。

2. 背景色保持了原墙的白色，而深色的运用则增加了新中式风格的仪式感。

3. 主体家具和窗帘的颜色都选用深色，统一而严谨。

4. 窗帘装饰边和地毯上的橙灰色，地毯及装饰画上的蓝灰色，丰富了空间中的用色，并且带来了温暖的感觉。

背景色【墙面、地面】
白色、深咖啡色、黑褐色

点缀色【装饰细节】
浅金色

主体色【家具、地毯、窗帘】
黑褐色、蓝灰色、橙灰色

1. 如春日暖阳般的空间，用色和谐、温暖。

2. 背景色和主体色基本一致，浅驼色时尚高级，彩度低，非常适合运用在卧室空间。

3. 浅黄色壁纸不仅和浅驼色保持一致的色相，同时又带来阳光的亮感。壁纸上的图案更是让人觉得春意盎然。

背景色【墙面、地面】
浅黄色、浅驼色

点缀色【装饰摆件】
黄色

主体色【家具、地毯、窗帘、床品】
浅驼色、米白色、浅灰色、灰褐色

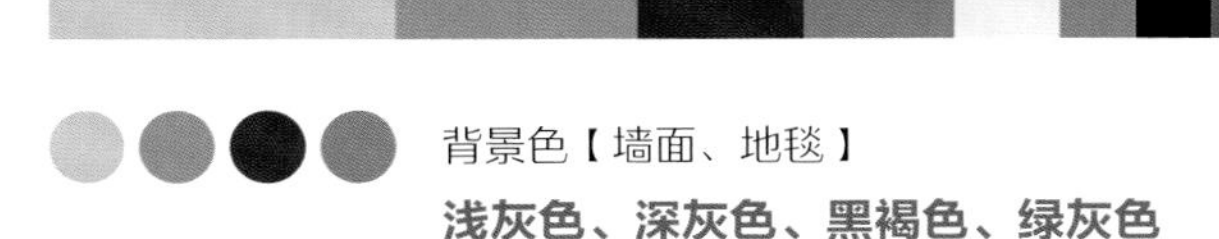

背景色【墙面、地毯】
浅灰色、深灰色、黑褐色、绿灰色

主体色【家具】
米白色、中灰色、黑色

点缀色【家具、装饰摆件】
蓝灰色、咖啡色

1. 以黑白灰为背景色的空间，挑高层的设计让墙面深灰色的壁柜给人一定的压抑感。在壁柜的内部格里选用绿灰色，这种有清新自然感的色彩，缓解了压抑感。

2. 主体家具的色彩与空间中大面积的背景色保持一致，这是新中式轻奢风格中的常用配色，没有过多的颜色搭配，用水墨画的色彩营造具有东方意境的立体空间，在这样的空间里通常浅色的面积也一定是最大的，深色则用于搭配或者点缀。

3. 蓝灰色和咖啡色是空间中的点缀色，皮革的咖啡色与空间的整体色调基本融合。地毯和长凳上的蓝灰色，给空间带来精致感。

背景色【墙面、装饰屏风、地面】
白色、褐色

主体色【家具、地毯】
米白色、褐色、水色、浅金色

点缀色【抱枕、装饰摆件】
碧蓝

1. 通过拆分整个空间的三种用色，会发现空间中背景色和主体色、深色和浅色的用色占比，基本上是平衡的。

2. 浅色能让空间感觉更大更空旷，但倘若是挑高的空间，应注重人居住在其中的舒适感和安全感。本案中墙面的深色屏风起到了很好的调节作用，屏风颜色和地面石材的色彩一致，增加了空间的统一性。

3. 水色的地毯和碧蓝的装饰摆件，色感皎洁清亮，层层叠叠点缀在空间中，打破了大面积褐色带来的沉闷感，并流露出诗意的美好气质。

1. 整体空间用色肃静、庄重，是适合用于书房的色彩搭配。

2. 柜体的深褐色和地面色彩保持一致。铅白色的书柜柜门以及书柜里的书籍展示，让深褐色看起来不那么沉闷。

3. 空间用色极度统一，用浅灰色的地毯将家具与地面分隔开，同样也是打破沉闷的一种装饰手法。

4. 中国红在空间中的面积虽然较小，却能让空间更有精气神。

背景色【墙面、地面】
深褐色、铅白、咖啡色

点缀色【装饰摆件】
中国红

主体色【家具、地毯、窗帘】
深褐色、铅白、浅灰色

1. 背景墙面的奶茶色皮革硬包，搭配通透材质的壁灯，给空间带来奢华感。

2. 主体色延续了背景色，丝绵材质的床上用品有光泽感，气质和背景墙面的材质、气质统一。

3. 橙色点缀在空间中，与空间背景色色相统一，钴蓝色与橙色互补呼应。

4. 有色彩的新中式轻奢空间，通过温暖的颜色、富有光泽感的材质，提升空间的奢华感。

背景色【墙面】
浅褐色、奶茶色、金色

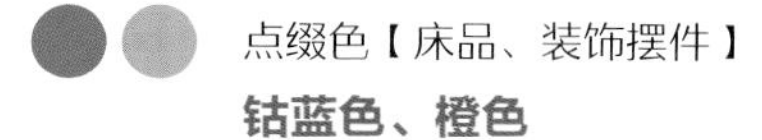

点缀色【床品、装饰摆件】
钴蓝色、橙色

主体色【家具、床品】
浅褐色、深褐色、奶茶色

背景色【墙面、地毯】
米灰色、浅灰色、深灰色

主体色【家具、窗帘】
铅白、褐色、中灰色、黑色

点缀色【抱枕、吊灯、装饰摆件】
钴蓝、金色

1. 黑白灰色彩的搭配、家具的金属和大理石细节、改良的家具款式，从形、色、质的任何一方面，都可以感受到中式风格中的奢华质感。

2. 主沙发的面料选择恰当，铅白色提亮了这个色彩灰度比较高的空间。

3. 背景色和主体色颜色统一，钴蓝和金色点缀，增加了空间的精致感。

1. 背景色都是浅色系，墙面的米白色和浅咖色搭配，色彩的搭配和地毯的材料都让空间有温暖感。

2. 主体家具的色彩以浅色调为主，长榻上中式水墨纹样的图案，为空间增加了神韵。

3. 单人沙发面料的色彩最深，考究的普鲁士蓝和家具木质的颜色，都是空间中的重色，增加了空间的稳定感。

4. 普鲁士蓝与墙面大面积的浅咖色，从色相上看是互补色，这两个颜色都是具有高级感的装饰色。

> 聚舍联合设计

背景色【墙面、地毯】
浅咖色、米白色、浅灰色

点缀色【装饰细节】
金色

主体色【家具】
米白色、普鲁士蓝、褐色、黑色

1. 背景色为大面积的铅白，墙面的壁柜以及顶面都选用了浅褐色的木料，为空间增加了温度和暖意。

2. 墙面的祥云图案和整体色调与背景融合统一。

3. 主体色在背景色的基础上，增加了色彩的层次感。浅色部分与空间墙面的浅色呼应，家具木质部分的颜色选用深褐色，与墙面的浅褐色属于同色相。

4. 点缀色中国红在空间中也不是孤立的存在。褐色属于橙色系，与红色系是相邻色系，本案空间运用相邻的色系，表达出统一的质感。

> 天鼓设计

背景色【墙面、地毯】
铅白、浅褐色

点缀色【家具、装饰摆件】
中国红、金色

主体色【家具】
米白色、深褐色、黑色

背景色【墙面、地面】
浅咖色

点缀色【抱枕、装饰摆件】
橙黄色、水蓝

主体色【家具、地毯、窗帘】
米白色、胭脂色、灰色、褐色

1. 本案中的背景色都是浅咖色系，主体家具采用米白色，和背景色相融合。胭脂色的坐凳装饰增加了空间的温暖感，其皮革的材质也是轻奢质感的体现。

2. 明亮的橙黄色和水蓝，如阳光般点缀在空间中。

3. 具有高级感的空间，不一定只有黑白灰，通过装饰细节的材质和小面积的有彩色，能塑造不同于无彩色系的高级感。

背景色【墙面、地面】
浅咖色、浅灰色、黑色

点缀色【吊灯、装饰摆件】
金色

主体色【家具、窗帘】
米白色、咖啡色

1. 背景色几乎都是浅色系，壁柜里的深色在主体色中能找到呼应。

2. 主体家具的色彩同样是浅色系，餐桌、餐椅的木质和窗帘运用统一的咖啡色，与墙面壁柜里的深色呼应。

3. 在这个现代中式空间中，从硬装到家具的选择都是偏时尚的方向。再通过装饰细节的金色点缀，更增加了空间的轻奢质感。

背景色【墙面、地面】
浅灰色、原木色、灰色

主体色【家具、地毯】
浅咖色、钴蓝、普鲁士蓝

点缀色【装饰摆件】
金色

1. 灰色和原木色搭配能够营造高级而温暖的居家氛围。

2. 背景色以暖色调为主，沙发墙面的灰色硬包与原木色的木饰面搭配，有冷暖的差别。主体家具的色彩呼应了背景色，主沙发是暖色调，单人沙发和长坐凳都是蓝灰色调，属于冷色调。

3. 在背景色中，暖色调面积更大，在主体色中，暖色调更加集中。这样的用色关系有主次之分，让人一眼就能对空间想要表达的气质做出判断。

1. 钴蓝和金色是一组经典的互补色组合。

2. 本案中浅褐色的皮革硬包，决定了空间轻奢质感的基调。

3. 主体家具的色彩与背景色一致，都是无彩色系，金色抱枕与背景墙面的浅褐色色相一致。钴蓝色和金色的搭配，丰富了空间的色彩。

4. 装饰画、台灯的金色底座以及抱枕上的装饰，提升了空间的奢华感。

背景色【墙面】
浅褐色、灰白色、黑色

点缀色【床品、装饰摆件】
钴蓝、金色

主体色【家具】
灰白色、黑色、浅褐色

1. 灯光氛围的营造，对空间的装饰效果非常重要。在这个空间中使用的冷光让空间显得清爽干净。

2. 墙面的色彩基本以无彩色系为主，地面的浅褐色是背景色中的一抹暖色。

3. 床和床头柜的颜色选用了非常能代表中式风格的红色系。红与灰的搭配经典时尚，装饰性也很强。

背景色【墙面、地面】
浅褐色、灰白色、黑色

点缀色【家具、床品、装饰摆件】
酒红色、中国红

主体色【家具、地毯】
枣红、浅灰色、深灰色、深褐色

1. 在空间大面积运用极具仪式感的红色，其整体基调就已经确定。

2. 搭配浅色的布艺提亮空间。木作的深褐色比中国红深，让空间更有稳定感。

3. 金色的点缀，进一步突出中国红所营造出的奢华氛围。

背景色【墙面、地毯】
中国红、咖啡色、中灰色

点缀色【装饰细节】
金色

主体色【家具、装饰摆件】
灰白色、深褐色、咖啡色

1. 背景色和主体色都是铅白和中灰色，两个颜色都属于冷色调。地砖若隐若现的肌理、窗帘的装饰图案，以及餐椅背灵动的黑白图案，让空间有一种灰调的高级感。

2. 金色银杏叶形的装饰吊灯，将轻奢的质感和自然的气息结合得恰到好处。家具和画框的金色细节与吊灯相呼应，让空间更加精致讲究。

3. 将蓝灰色和中国红点缀在空间中，为室内增加了温暖的气息。

背景色【墙面、地面】
铅白、中灰色

点缀色【装饰摆件】
金色、中国红、蓝灰色

主体色【家具、窗帘】
铅白、中灰色、黑色

1. 本案色彩的大基调是灰色调，搭配蓝灰色的地毯和装饰画，极具现代都市风。

2. 从吊灯和台灯的造型、装饰画的水墨图案、地毯图案肌理到文竹绿植摆件，都让人感受到传统的气韵。

3. 蓝灰色是非常适合与灰色调搭配的颜色。在大面积是灰色调的空间中，加入小面积蓝灰色，不仅不会喧宾夺主，还能让空间有更多的精致感。

背景色【墙面、地面】
铅白、咖啡色、深灰色

点缀色【装饰画、地毯、抱枕】
孔雀蓝

主体色【家具、地毯、窗帘】
灰色、蓝灰色、浅灰色

1. 背景色是黑白灰色彩基调的餐厅空间，地面的黑色让空间多了一分严肃感。

2. 主体家具选用灰白色的面料，木作部分的颜色和地面保持一致。

3. 空间中的墙面和家具都有图案的装饰细节作为点缀，再结合壁柜内的装饰摆件，为空间增添了传统的氛围。

背景色【墙面、地面】
灰白色、米白色、黑色

主体色【家具】
灰白色、黑色

点缀色【装饰摆件、家具细节】
蓝灰色、金色、森林绿

背景色【墙面、地面】
铅白、浅咖色

主体色【家具、地毯】
铅白、浅咖色、蓝灰色

点缀色【装饰吊灯】
浅金色

1. 色调一致的暖色空间，色彩有着微妙的变化，没有刻意去营造什么，却很有高级感。

2. 背景色、主体色和点缀色都是浅咖色系，面积并不小的蓝灰色已经和空间中的暖色统一和谐地融在一起。色彩细微的冷暖变化，增加了空间的层次感。

3. 浅金色的装饰吊灯，轻盈灵动。将其点缀在空间中，有着唯美的装饰效果。

1. 本案的卧室空间用色简单，没有过多的颜色。空间中的红色，看起来温润唯美。

2. 背景色是浅灰色和原木色，与家具和床上用品的大面积颜色一致，有别于其他空间的设计表达。在空间的点缀装饰上，没有运用过多的装饰品和图案纹样。

3. 装饰画增加了空间的精致感。

背景色【墙面、地面】
浅灰色、原木色、深褐色

主体色【家具、窗帘】
浅灰色、褐色、褐灰色

点缀色【窗帘、床品、装饰摆件】
红褐色、枣红色、金色

1. 咖啡色系是适合运用在卧室空间的颜色。

2. 本案背景色由咖啡色组成，浅咖色的面积最大，空间的色彩大基调是明亮的。

3. 床、床头柜、床品的颜色比背景色中的浅咖色偏浅，咖啡色床毯起过渡作用。

4. 宝蓝色的抱枕点缀，为空间增加了装饰性和华丽感，色彩气质与深色衣柜一致。

背景色【墙面、地面】
浅咖色、深褐色

点缀色【抱枕、地毯、装饰摆件】
宝蓝色、橙灰色、金色

主体色【家具、床品、地毯、窗帘】
铅白、咖啡色、深褐色

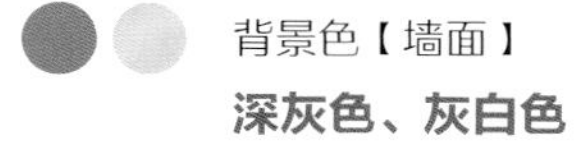

背景色【墙面】

深灰色、灰白色

主体色【家具】

深灰色、灰白色

点缀色【装饰摆件、吊灯】

酒红色、金色

1. 本案中大面积的配色虽然以深色为主，但用色统一，整体色彩搭配仍然给人非常舒适的感觉。

2. 背景色和主体色用色非常一致，墙面和家具的木质部分都是深灰色，结合灰白色的墙面、窗纱和餐椅的面料，再加上灰白色的餐垫和装饰吊灯，这样的搭配手法看似简洁，实则大气。

3. 酒红色和金色小面积点缀，增加了空间中的装饰感和仪式感。

背景色【墙面、地面】

铅白、灰色、褐色

主体色【家具、地毯】

褐色、橙灰色、蓝灰色

点缀色【装饰摆件】

海棠红、金色

1. 黑白灰搭配深褐色，是中式风格中经典的色彩搭配。能营造安宁、沉稳的氛围。

2. 书柜里放置的浅色装饰品以及较高的层高，使得背景色和主体色并没有让人产生压迫和沉闷感。

3. 主体家具的色彩与墙面、书柜颜色一致，与褐色同色系的橙灰色，增加了空间温暖精致的感觉。

4. 点缀色海棠红和山峦图案的屏风、装饰画，让空间中的中式韵味越发浓郁。

背景色【墙面、地面】
原木色、浅褐色

点缀色【装饰摆件】
咖啡色、橙灰色

主体色【家具、窗帘、地毯】
深褐色、铅白、浅咖色

1. 用色明亮的书房，背景色为统一的浅色调，通过墙面书柜里的装饰品，使背景色有色彩的层次变化。

2. 主体木质家具的颜色是深褐色，在浅色空间中运用深色家具，是最具稳定性的配色之一，同时家具的色彩与门框的色彩一致，让空间中的深色部分有了呼应。坐凳的面料色彩选用铅白，让空间不会过于沉闷。

3. 地毯的色彩与背景色一致，而且亚麻材质符合中式风格的气质。

4. 饱和度更高的橙灰色，以极小面积运用在装饰摆件上，增加了空间的生动感。

背景色【墙面、地面】
浅褐色、原木色

点缀色【装饰摆件】
枣红色、金色

主体色【家具、窗帘、地毯】
黑褐色、褐色、白色、浅灰色

1. 空间中背景色色系一致，空间用色平稳。

2. 主体家具的色彩选用黑褐色，用深色与背景色拉开了色彩的层次，窗帘的色彩与家具色彩都属于空间中的重色，两者相互呼应。

3. 枣红色点缀在窗帘、地毯、抱枕、书籍、花卉上，让空间更具装饰感和中式韵味。

背景色【墙面、地面】
浅灰色、浅褐色、褐灰色、灰色

主体色【家具、窗帘、地毯】
灰色、深褐色、普鲁士蓝

点缀色【家具、装饰细节】
钴蓝、古金色

1. 背景色都是灰色系和褐色系，壁炉墙面的颜色偏深。整体空间的色彩基调偏重，有考究感和稳定感。

2. 主体家具的色彩和空间的背景色相互融合统一。单人沙发的灰色，与背景色形成微妙的呼应关系。坐凳的色彩是空间中的点缀色，装饰效果强烈。

3. 色彩饱和度较高的钴蓝色，与地毯的普鲁士蓝属同色系，且在空间中能找到呼应色。同时，钴蓝色的装饰感与深色的壁炉墙面，都有浓烈的时尚气息，是非常出彩的设计表达。

背景色【墙面、地面】
深灰色、咖啡色

主体色【家具、床品、窗帘】
灰白色、白色、浅灰色、咖啡色、蓝灰色

点缀色【抱枕】
钴蓝

1. 在卧室空间中，背景色如果是深色调，主体色搭配浅色更适合营造舒适的居室氛围。

2. 本案中，背景墙和床、床品的颜色都是灰色调，注重色彩搭配的节奏感。深浅颜色搭配，避免了色彩混在一起而给人造成的模糊印象。

3. 床头柜的咖啡色与地面色彩一致，两者相互呼应。质地光滑的窗帘和抱枕的钴蓝色点缀在空间中，增加了空间的华丽精致感。

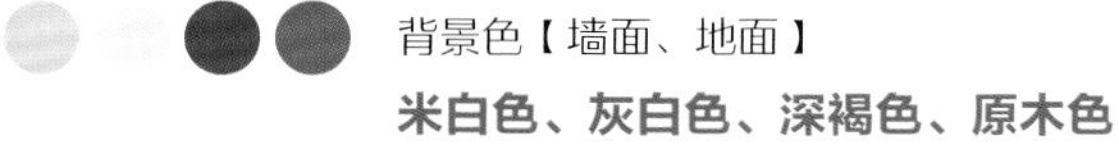

背景色【墙面、地面】
米白色、灰白色、深褐色、原木色

主体色【家具、窗帘、地毯】
浅褐色、米白色、藕荷色、深褐色

点缀色【抱枕、装饰细节】
中国红、橙红色

1. 背景色以暖色为主，床后面的背景墙拼色设计十分唯美。中间灰白色墙纸上的写意图案有空灵感，两边深褐色墙面中贯穿面积比例恰到好处的中国红。

2. 家具的颜色都是暖色系，在褐色系里做变化，床品、地毯的色彩和墙面的灰白色相呼应。

3. 墙面的中国红不是孤立存在的，地毯上的藕荷色、窗帘上橙红色的装饰边，以及中国红的抱枕和书籍与其呼应。红色在空间中铺撒开，极具美感和装饰性。

背景色【墙面、地面】
铅白、灰褐色、深褐色

主体色【家具、床品】
深褐色、铅白

点缀色【床品】
蓝灰色、银色

1. 非常有气质的空间，无论从造型、材质抑或是色彩上，都呈现出设计的高级感。

2. 空间中的用色并不多，简单的五个颜色，色彩关系明确。墙面颜色浅、地面颜色深，床和床头柜颜色深、床品颜色浅，再点缀内敛精致的蓝灰色，空间整体色彩统一，用色平衡。

3. 再来看空间装饰物的造型和材质，床的造型是圆润考究的弧线造型，床头柜的造型也具有传统的美感。皮革硬包、银器装饰、字画细节，这些都是具高级感的设计表达。

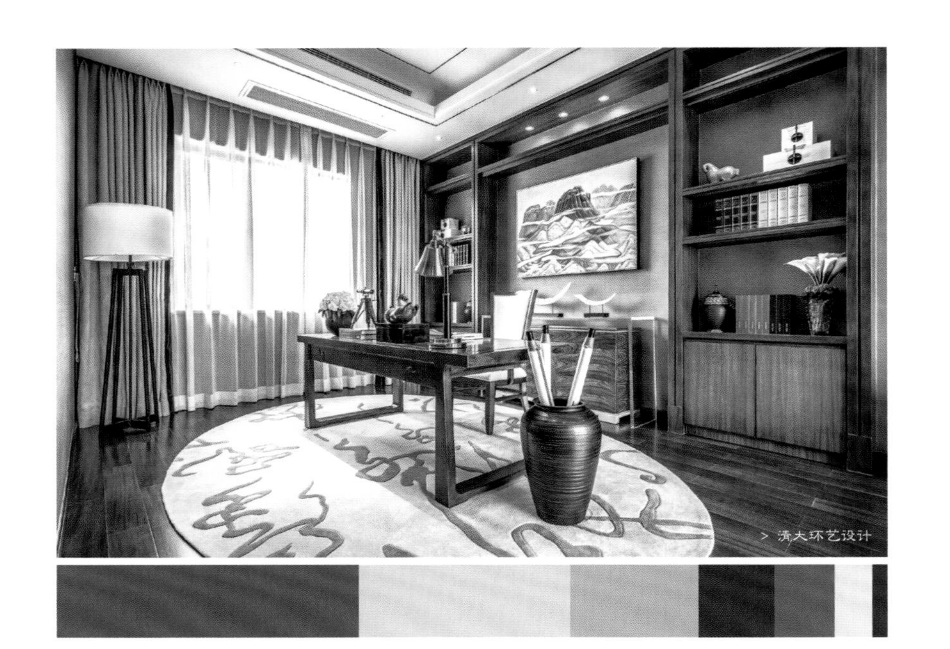

背景色【墙面、地面】
咖啡色、中灰色

点缀色【窗帘、装饰画、装饰摆件】
钴蓝、牙色

主体色【家具、地毯、窗帘】
深咖色、浅灰色、灰色

1. 背景色由咖啡色和灰色组成，咖啡色面积更大，空间整体的色彩基调是考究沉稳的。

2. 主体家具的颜色与背景色一致。

3. 地毯和窗帘的浅灰色，提亮了整体空间的色彩明度。

4. 小面积点缀钴蓝和牙色，丰富了空间色彩层次。

背景色【墙面、地毯】
灰白色、灰色、孔雀蓝

点缀色【抱枕】
橙色

主体色【家具、窗帘】
灰色、黑色、古金色

1. 大面积灰白色调的空间，通过孔雀蓝和金色增加了空间的华丽感。

2. 背景色和主体色以灰色系为主，墙面与主沙发色调一致，通过颜色更浅的地毯，拉开色彩层次。

3. 空间中的用色重点是在背景色孔雀蓝上，设计师在茶几、吊灯和抱枕色彩的选择上，都考虑了孔雀蓝带给空间的气质，用金属的质感和饱和度高的橙色，与孔雀蓝呼应。

4. 地毯的写意图案与墙面的壁纸图案气质相互呼应。空间设计有细节、有看点。

背景色【墙面、地面】
浅褐色、原木色

主体色【家具、地毯】
浅灰色、黑褐色、靛蓝

点缀色【装饰摆件】
蓝绿色、金色

1. 背景色由浅褐色和原木色组成，用色上轻下重，是最具有稳定感的用色形式之一。

2. 床和单人沙发的颜色基本与墙面一致。床尾凳的色彩具有装饰感，皮革面料有着浓浓的轻奢复古感。

3. 浅灰色的地毯将地面和床尾凳这两部分深色分隔开，让空间色彩更有层次。

背景色【墙面、地面】
米白色、原木色、灰色、浅灰色

主体色【家具】
深褐色、铅白

点缀色【装饰细节】
旧金色

1. 灰色调的餐厅空间，色彩在细微的不同中做变化。

2. 暖灰色的墙面搭配灰色调的地面，中心墙面的石材纹理是冷、暖色的结合，背景色有对比，有呼应。

3. 主体家具的色彩，通过比背景色浅的餐椅和比背景色深的餐桌，拉开色彩层次，让整体用色更加平衡。

背景色【墙面、地面】

米白色、浅褐色、深褐色、酒红色

主体色【家具】

深褐色、米白色

点缀色【家具、装饰摆件】

酒红色、靛蓝、金色

1. 暖色调的空间，背景色中的酒红色最为吸睛夺目。

2. 深褐色和米白色的主体家具，其色彩与背景色保持一致。

3. 茶桌的金属细节和空间中酒红色的运用，共同营造出空间的高级感。

4. 点缀了几个靛蓝色的装饰罐后，色彩开放度更高，空间用色更加具有装饰性和仪式感。

背景色【墙面、地面】

米黄色、深褐色、咖啡色

主体色【家具、地毯】

黑色、米白色、蓝灰色

点缀色【装饰摆件】

酒红色、靛蓝、金色

1. 尽管空间有很多红色系的运用，但由于是以点而非面的形式运用，所以在这个空间中，酒红色是点缀色。

2. 背景色是以大面积书柜的深褐色和地面的咖啡色为主，色相色调几乎一致。

3. 主体色以浅色系为主，家具的深色部分和背景色呼应。浅色的书桌桌面和地毯提亮了空间。

4. 金色的点缀为空间带来了低调的奢华感。

背景色【墙面】
灰白色、原木色、深灰色

主体色【家具、地毯】
灰白色、钴蓝、深蓝色

点缀色【装饰摆件】
水蓝、鹅黄、金色

1. 这是一个具有华丽感的新中式空间，采用对称布局，其在造型、色彩、材质方面都做了呼应。

2. 墙面、屏风和家具的造型都有丰富的线条感，细节也十分考究。

3. 原木色单独运用没有华丽感，与深色搭配运用则能增加清新气质中的厚重感。

4. 地面和抱枕的蓝色系，色彩面积不大。抱枕色彩饱和度高，是空间华丽感的表达。有华丽感的空间，需要深艳色的色彩衬托。因此，本案在窗帘的色彩选择上，选用了与空间木质部分同色系的深灰色。

背景色【墙面、地面】
浅褐色、浅驼色

主体色【家具、地毯】
灰白色、深灰色、黑色

1. 背景色用色温和、素雅。

2. 家具的黑色木作让空间具有稳定感。

3. 挑高的空间，由顶及地的灰色落地屏风与墙面的色彩和家具的色彩都有呼应关系。

4. 写意图案的地毯与屏风图案气质一致。

5. 整个空间的设计都是从对称的角度来考虑的，注重了虚实、前后、上下三方面的呼应关系，虽然整体空间十分空阔，但依然给人稳定舒适的感觉。

背景色【墙面、地面】
浅灰色、中灰色

主体色【家具、地毯】
浅灰色、深灰色

点缀色【装饰画、抱枕】
靛蓝、碧蓝

1. 空间中背景色与主体色几乎是一致的灰色调，通过玻璃、不锈钢、壁纸、亚光地砖、沙发的搭配，表达出细微的色彩层次变化。

2. 空间中的蓝色也有微妙的色彩差别：靛蓝相对更深，有灰度，运用在墙面装饰画上；碧蓝相对更明亮，运用在沙发的抱枕上。两种蓝色一前一后，明亮的抱枕具有前进感，有灰度的装饰画具有后退感，摆放位置十分恰当。

1. 空间中的重色木地板搭配浅色的墙面与家具，空间用色上轻下重，做好了最基础的平衡。

2. 窗帘、家具的木质颜色与地面色彩呼应。地毯与墙面色彩呼应。

3. 点缀色橙色的色相与地面的咖啡色一致，小面积运用在窗帘装饰边和抱枕上。空间整体用色相互呼应，富有节奏感。

4. 床头墙面壁纸和装饰挂画的图案，都为空间增加了更多写意的氛围。

背景色【墙面、地面】
灰白色、咖啡色

点缀色【抱枕、窗帘】
橙色

主体色【家具、窗帘、地毯】
米白色、深褐色、浅褐色

1. 本案配色温润舒适，浅色面积大，深色面积小，点缀色平衡地运用在空间中。

2. 背景色和主体色都是以灰白色调为主，重色装饰在局部墙面以及木质家具上。同时，以灰色作为过渡，让灰白向深褐色自然过渡，避免了极浅和极深色彩的生硬组合。

3. 温暖的棕黄色点缀，小面积的普鲁士蓝与之形成对比，让空间中的色彩层次更饱满。

背景色【墙面、地毯】
灰白色、浅褐色、深褐色

主体色【家具、窗帘】
铅白、灰色、黑色

点缀色【抱枕、地毯、装饰摆件】
普鲁士蓝、棕黄色

背景色【墙面、地面】
米白色、浅褐色、原木色

主体色【家具、地毯、窗帘】
浅灰色、深褐色、咖啡色

点缀色【抱枕、花艺、装饰细节】
橙色、中国红、金色

1. 如果先将边柜上面的花艺装饰挡住，会发现空间中的配色是常用的经典搭配手法，在暖色系里做色彩深浅的变化。

2. 在大面积浅色中点缀小面积深色，让整个空间的色调具有明亮舒适感。

3. 边柜上中国红的花艺，给卧室空间带来了季节的美感。同时，具有华丽感的红色与空间中的金色装饰气质相呼应。

背景色【墙面、地面】
深褐色、浅褐色

主体色【家具】
红褐色、灰蓝色、黑色

点缀色【花艺、装饰细节】
橙色、金色

1. 深褐色墙面搭配浅褐色地面，空间整体的用色基调偏深。

2. 本案的主体家具色彩和墙面保持一致，通过灰蓝色的餐椅给空间带来透气感。带有灰度的蓝色，与空间中的深色也能很好地融合。

3. 橙色的花艺、金色的家具细节、水晶吊灯、装饰酒杯，这些能够提亮室内的装饰，为空间增添了更多轻奢的细节。

> 宫亚曦 & 矩阵纵横设计

背景色【墙面、屏风、地面】
奶茶色、浅咖色、黑褐色

主体色【家具、地毯、窗帘】
铅白、灰色、墨蓝

1. 黑白灰的色彩搭配方式，不同灰色调有节奏感地被运用在空间中。屏风的色彩与空间中的色彩基调保持一致。竹林的图案若隐若现，聚焦与虚化的画面效果非常有灵动感。

2. 家具的色彩虽然看起来就是黑色和白色，但是细品可以让人感受到铅白的清冷感和墨蓝床头柜的高级感，皮革则赋予了空间更多轻奢的质感。

背景色【墙面、地面】
米白色、灰白色、灰色、原木色

点缀色【抱枕、地毯、装饰细节】
蓝灰色、金色

主体色【家具、窗帘、地毯】
米白色、橙灰色、灰色、深褐色

1. 空间中的墙面虽然是米白色，但床头墙面几乎都被装饰画遮挡了。装饰画中山雾缭绕的画面将空间的意境烘托得非常有灵气。

2. 主体色中，橙灰色是亮点，它是空间里所有的色彩中饱和度最高的颜色。橙灰色因为色彩中含有灰度，所以既具有一定的装饰效果，又不会太亮眼，

3. 灰色、蓝灰色与墙面装饰画有色彩呼应，搭配床头柜和边柜的深褐色，重色三点平衡。

4. 橙灰色与蓝灰色是空间中唯美的色彩组合。蓝灰色面积更大，色感平稳空灵；橙灰色与其互补，给了空间如同阳光般的温暖。

背景色【墙面、地毯】
灰白、黑褐色、浅灰色

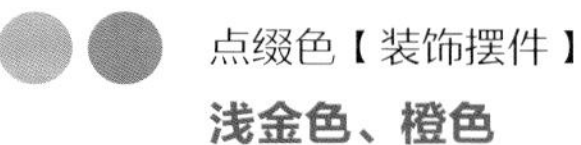

点缀色【装饰摆件】
浅金色、橙色

主体色【家具】
霜色、深蓝灰、黑褐色

1. 运用灰色带来的高级感，赋予室内清朗的气质。

2. 背景色和主体色以灰色系为主，墙面的黑褐色与深色家具，从色彩和位置关系上相互呼应和对称。

3. 单人沙发运用蓝灰色，与落地灯灯罩和装饰花器的浅金色互补。

4. 空间中的色彩都是低饱和度的，在变化中统一，能给人舒适的体验。

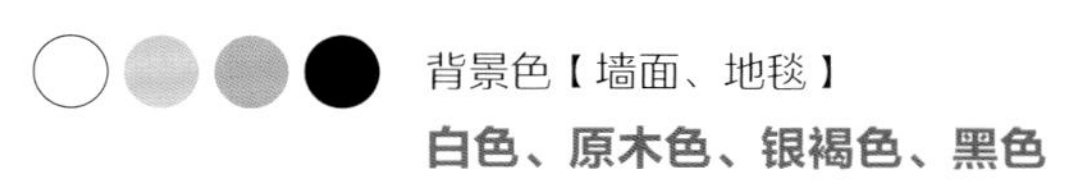

背景色【墙面、地毯】

白色、原木色、银褐色、黑色

主体色【家具】

米白色、深褐色、褐色、原木色

1. 在这个挑高空间中，色彩围绕咖啡色系做变化，背景色比主体色更丰富。

2. 在白色和原木色组合而成的背景色中，加入银箔材质的墙面装饰，让原本是自然色调的空间有了华丽的装饰感。立体的、类似荷花形状的壁挂装饰，让空间富有生气。

3. 主体色与背景色一致，纹理写意自然的地毯满铺在整个地面，其灵动感和银褐色的墙面装饰气质遥相呼应。

【第三节】

软装陈设实例解析

【软装造型】

直线条、弧线条

【软装材质】

皮革、大理石、不锈钢、亚光漆、陶瓷

【空间色彩】

灰白色、浅咖色、深褐色、旧金色、咖啡色、中国红

【软装陈设表现】

古风古韵的中式餐厅，墙面的装饰画意境大气，给予人想象空间。造型经典简洁的餐椅搭配材质奢华的餐桌，有一种既矛盾又相互融合的美感。餐桌上的软装陈设是经过细细挑选搭配的，餐具和花艺的搭配为空间提色不少。花器纹理优美，花艺曼妙自然，而且摆放位置恰到好处。

【软装陈设表现】

空间中的硬装设计低调高级，硬包墙纸上的图案极具写意的装饰感。爵士白石材的色彩能够很好地表达中式风格的空灵意境。隔断屏风形式轻盈、色彩高级。在硬装已经具有设计感的基础上，软装陈设的沙发选型都具有一定的装饰感。经典的细节通过亚光的材质表达，与硬装一致的色彩很好地融入空间中。在装饰品搭配上，通过轻盈自由的植物营造生动的美感。

【软装造型】

直线条、弧线条、圆形

【软装材质】

棉、大理石、绒布、亚光漆、不锈钢

【空间色彩】

灰白、黑色、灰色、浅咖色、金色

【软装陈设表现】

通过空间中的家具可以判断这是一个茶室兼书房空间，经典的茶桌及圆凳是中式风格茶室中常用到的搭配。书柜里的软装陈设用色统一，选择的都是灰白色、浅褐色、蓝灰色的装饰品。陈设中数量最多的书籍是成套系的，让书柜里的视觉细节统一而有章法。小件装饰品色调一致，造型和材质相互呼应，多而不乱。

【软装造型】

直线条、圆形

【软装材质】

显纹清漆、不锈钢、棉麻布艺、陶瓷

【空间色彩】

浅褐色、灰白色、旧金色、蓝灰色

【软装陈设表现】

在本案中，书房里的软装陈设大多都是书籍。书籍是比较厚的精装版本，色彩统一，在书柜里摆放的块面感很强。陶瓷装饰罐的造型是成套的，再加上三件造型一致的装饰花艺点缀，让书柜里的软装陈设显得统一有序。书桌上没有用过多复杂的陈设，生活化的笔墨纸砚和一件造型原生态、色泽考究的艺术雕塑，足以营造浓郁的中式氛围。

【软装造型】

直线条、弧线条、不规则自然造型

【软装材质】

亚光漆、陶瓷、黄铜、不锈钢

【空间色彩】

褐色、灰白色、灰色、中国红

【软装陈设表现】

在这个中式空间，第一印象让人觉得设计师想表达的是清浅的气质，虽然有红色，但面积并不大，不影响整体的浅色调。细细研究后则会发现空间中有很多富有艺术感的装饰点，例如：茶几的造型有中式风格中经典的回纹图案；沙发上的装饰抱枕纹样丰富，装饰吊穗极具美感；地毯上流动的图案纹理；窗帘上的装饰绑绳；考究的饰品以及陶瓷花器上的图案细节等。色彩和材质的肌理感，让这个空间的仪式感更强。

【软装造型】

直线条、弧线条

【软装材质】

亚光漆、皮革、棉、羊毛、不锈钢、陶瓷

【空间色彩】

褐色、灰白色、灰色、浅褐色、中国红、橙红

> 创时空设计

【软装造型】

直线条、圆形

【软装材质】

亚光漆、不锈钢、石膏、木、棉

【空间色彩】

灰白色、深褐色、旧金色、橙灰色、胭脂色

【软装陈设表现】

传统戏曲乐器、陶俑人物雕塑、山水装饰画，将这些表意直白的陈设元素运用在空间中，能够非常明确地表达空间风格和设计主题。当主题气质不明确时，空间中的大面积装饰都以这种平铺直叙的方式呈现，则能精准定位，凸显气质。

> 黄全设计

【软装造型】

直线条、弧线条

【软装材质】

不锈钢、棉麻、木、有机材料

【空间色彩】

灰褐色、深褐色、灰白色、旧金色

【软装陈设表现】

具有当代艺术感的室内空间，大面积用灰褐色诠释，稳重、考究，突显空间设计主题。软装陈设数量少，处处表达在设计点上。台灯、壁灯、烛台以及烛台底座，每一件物品的造型都是内敛经典的，色彩不张扬，与硬装气质相吻合。墙面艺术装饰画自然的图形和立体的肌理为空间装饰带来丰富的细节。

【软装陈设表现】

空间中运用了很多中国红的元素。虽然看不出整体空间中红色更多地是以点的形式，还是面的形式呈现，但从这个局部，至少可以看出中国红的运用是相对集中的。窗帘、墙面的装饰画和壁柜里的四个陶瓷花器是空间中立面上的红色，抱枕和花艺是软装摆设上的红色，相互之间形成呼应。此外，红色点缀在空间中，多是以对称的形式呈现，这样的陈设方式是有秩序的。

【软装造型】

直线条、弧线条

【软装材质】

亚光漆、棉、陶瓷

【空间色彩】

褐色、灰白色、浅褐色、中国红

【软装陈设表现】

从具有时尚感的家具造型和精致的饰品可以判断这是一个有当代艺术美感的中式风格客厅。墨绿色的家具面料、不锈钢质感的茶几和边几气质一致，都有奢华感。茶几上的装饰品陈设手法多样，花器、石狮雕塑、茶具都是通透的灰白色材质，因此茶几上物品虽多，但不会让人感觉很乱。

【软装造型】

弧线条、圆形

【软装材质】

绒布、棉、大理石、不锈钢、亚光漆

【空间色彩】

灰白色、绿灰色、墨绿、深褐色、中国红、金色

【软装造型】

直线条、弧线条、圆形

【软装材质】

棉、丝绵、大理石、不锈钢、绒布、亚光漆

【空间色彩】

浅灰色、浅褐色、灰白色、绿灰色、墨绿色、中国红、金色

【软装陈设表现】

墙面的硬装部分有丰富的装饰肌理图案，因此，家具都是用大面积纯色的材质表达，避免了空间因为图案过多而使视线不聚焦。通过小面积的抱枕、地毯和餐椅椅背面料的纹样与硬装呼应。此外，点缀色也为空间增加了更多浓郁的氛围，墨绿和中国红这组对比色搭配，让空间中的色彩开放度变高。空间的整体气质有着华丽的风韵。

【软装陈设表现】

床的造型是传统的立柱床。立柱床，尤其是深色的，不适合用在面积比较小的空间，容易造成空间的局促感。本案的卧室空间面积较大，空间中大面积的色彩都是浅色，立柱床的深色不影响整体采光，而且是空间中具有装饰感的设计表达。

【软装造型】

直线条、弧线条、圆形

【软装材质】

绒布、亚光漆、大理石、不锈钢、丝绵、羊毛

【空间色彩】

浅褐色、灰白色、深褐色、蓝灰色、旧金色

【软装造型】

直线条、圆形

【软装材质】

亚光漆、不锈钢

【空间色彩】

浅褐色、深褐色、金色、灰白色

【软装陈设表现】

这个空间局部的墙面，选用了画面优美并具有装饰感的壁纸。因此，在家具选择上选用了造型纤细的装饰边柜，以尽可能多地将壁纸展示出来。边柜造型虽然轻盈，但颜色选用的是沉稳的深褐色，增加了家具的重量感，不会让人觉得过于轻盈。边柜上的装饰品和墙面装饰画的画面都是灵动自然的。软装搭配与壁纸表达的惬意休闲的气质相呼应。

【软装造型】

直线条、不规则自然造型

【软装材质】

亚光漆、不锈钢、棉、陶瓷

【空间色彩】

原木色、深褐色、旧金色、米白色、中国红

【软装陈设表现】

这是一个中式书房，书柜里的装饰品有艺术的造型，搭配款式和色彩统一的装饰书，陈设方式在统一中有细节的变化。书桌上的书籍、卷轴、装饰鸟笼和造型自然的松树盆栽，为室内带来真实的生活气息。中国红桌旗的点缀，营造出有仪式感的温暖氛围。

【软装陈设表现】

空间中的设计表达颇有新意，背景墙面、地面和装饰条案的材质和色彩都是统一的。硬装设计没有运用太多的造型装饰，而是用低彩度的色彩表达高级感，弱化条案的造型，使之和背景墙融合，并通过条案上面的陈设和装饰画表达丰富的场景。同时，休闲椅的时尚感强烈，造型流畅，选材高级。茶几上的陈设和地毯的图案纹样都十分丰富，不仅装饰效果强烈，还富有生活气息。

> 黄全设计

【软装造型】

直线条、弧线条

【软装材质】

皮革、亚光漆、木、羊毛、陶瓷

【空间色彩】

浅褐色、深褐色、橙红色、蓝灰色、咖啡色

> 元禾大千设计

【软装造型】

直线条、弧线条、圆形

【软装材质】

亚光漆、大理石、陶瓷

【空间色彩】

灰白色、黑色、浅褐色、灰色、普鲁士蓝、灰粉色

【软装陈设表现】

本案中的装饰条案是有着中式风细节的简洁款式，和装饰圆凳的色彩一样，都是黑色，与墙面局部呼应。装饰画和条案上的装饰品都是清雅自然的图案和纹理。自然的花艺气质悠远空灵，和空间中大面积灰白色营造的气质统一。软装陈设的色彩秉持了上轻下重的原则，空间中的重色用在靠下方的位置，具有稳定感。

> 冷元宝设计

【软装造型】

直线条

【软装材质】

亚光漆、不锈钢

【空间色彩】

原木色、深褐色、钴蓝、金色、中国红

【软装陈设表现】

从空间中的硬装材质和色彩可以看到其设计基调是温暖闲适的，软装陈设的选择富有生活气息。家具的造型经典，在起装饰作用的同时兼具储物的实用功能。边柜上是形态自然的绿植搭配几本精装古风书籍，装饰画的画面也是写意灵动的。通过软装陈设中的钴蓝、金色和中国红，让空间温暖闲适的氛围更浓。

【软装陈设表现】

本案中书柜里的软装陈设、装饰盒、书籍，使书柜的内部空间能够形成块面感。两侧的陶瓷装饰罐造型相似，材质统一，不会给人摆放很乱的感觉。局部对称摆放的装饰品突显了书柜的统一性。陈设品中面积最大的装饰画，让整个书柜更加饱满。

【软装造型】

直线条、弧线条

【软装材质】

亚光漆、陶瓷

【空间色彩】

浅褐色、深褐色、灰白色、中国红、普鲁士蓝、金色

【软装陈设表现】

软装陈设选用了一些传统的造型，如陶俑马、有传统服饰纹样的花器、原生态的木桩小雕塑、落地的装饰陶罐搭配干枝花艺……每一件物品都可以直接地读到它所传达的气质。这些装饰的组合，能够让中式风格的空间气质更加浓厚。本案中软装陈设的材质选用，体现了中式风格质朴、考究的精神。

【软装造型】

直线条、弧线条

【软装材质】

皮革、亚光漆、陶瓷、木、玻璃

【空间色彩】

米白色、黑色、深灰色、原木色

> 柏舍设计

【软装造型】

直线条、弧线条

【软装材质】

棉、亚光漆、羊毛、水晶、不锈钢

【空间色彩】

浅褐色、褐色、灰白色、蓝灰色、旧金色、鹅黄色

【软装陈设表现】

空间的硬装装饰感强，材质运用丰富。在此基础上，软装家具的造型、材质和色彩都侧重更纯粹的表达，与硬装墙面的丰富感互补。在空间上方和地面，采用图案、色彩丰富的地毯和写意形式的水晶吊灯，呼应硬装的丰富感。在互补和呼应之间平衡，空间的格调气质得到很好的表现。

> 艾迪尔设计

【软装造型】

直线条、圆形

【软装材质】

棉、丝绵、大理石、不锈钢、装饰铜钉

【空间色彩】

普鲁士蓝、灰白色、蓝灰色、旧金色

【软装陈设表现】

当大面积的装饰，如墙面和沙发都是低调的单色时，小面积装饰图案和纹理能决定空间要表达的气质。本案空间的低调奢华感，便是通过提高图案和纹理的丰富度来表达。无论是装饰画、抱枕以及装饰盒，还是墙面旧金色的不锈钢条、茶几上的图案肌理，都是空间中值得细细品味的设计点。

> 尺度室内设计

【软装造型】

直线条

【软装材质】

棉、绒布、亚光漆、原木、玻璃、不锈钢

【空间色彩】

灰白色、黑色、浅灰色、原木色、旧金色

【软装陈设表现】

中式卧室空间是灰色调的，双层造型的边柜具有艺术美感，半亚光烤漆和不锈钢、玻璃材质带来低调的轻奢质感。边柜上的装饰品和墙面的装饰画，在色彩上与空间统一。花艺造型灵动，为空间增加了温柔的气息。

> 创时空设计

【软装造型】

直线条

【软装材质】

棉、丝绵、不锈钢、陶瓷、亚光漆

【空间色彩】

灰白色、灰色、普鲁士蓝、咖啡色、金色、枣红色

【软装陈设表现】

空间中最亮眼的是壁纸的图案，山水田园般惬意悠然，装饰感强。床和床头柜造型简洁大方，床的面料选择以及床上用品的丝绵面料，有亚光的质感。床头柜上的木纹和拉手细节，以及其材质、图案和纹理都是高级感的体现。祥云小摆件与壁纸图案惬意悠然，有同样的气质，花器的色彩和床头柜色彩属于同色相，枣红色点缀为整个空间带来了视觉惊喜。

> 创时空设计

【软装造型】

直线条、圆形

【软装材质】

亚光漆、不锈钢、木、石

【空间色彩】

灰白色、深灰色、蓝灰色、原木色

【软装陈设表现】

气质清雅的中式空间，硬装的设计表达是通过面，软装的设计表达是通过线。浅灰色硬装墙面、深灰色地面以及墙面的圆形造型，都是面的表达；线条感精致的家具造型，条案上造型纤细自然的装饰摆件，这是线的表达。此外，硬装和软装还有相互呼应的设计元素，比如墙面清雅娟秀的山峦图案与墙面造型自然的石头雕塑。空间整体设计平衡、精彩。

> 乐尚设计

【软装造型】

直线条、弧线条

【软装材质】

棉、不锈钢、亚光漆、羊毛、陶瓷

【空间色彩】

浅灰色、深褐色、灰色、黑色、旧金色、橙红色

【软装陈设表现】

组合式茶几是不规则的椭圆造型，茶几表面有木纹的肌理图案，做旧感材质，是当代的也是复古的。装饰画的内容极具自然的艺术感，其抽象的画面引发联想。茶几的造型和装饰画是表达空间气韵的主要设计点。

【软装陈设表现】

竹简、古装书、造型取自自然的毛笔笔架、墨盒等都是非常具有中式风格装饰感的陈设摆件。局部的软装陈设能够给人以想象的画面，按照真实的生活场景进行摆放，实际上就是在还原最接近日常生活的样子，因而容易引起观者的共鸣。真实感的营造，是局部的软装陈设中一定要遵从的装饰法则。

【软装造型】

直线条、不规则造型线条

【软装材质】

亚光漆、原木、竹、不锈钢、陶瓷

【空间色彩】

原木色、深褐色、旧金色、普鲁士蓝

【软装陈设表现】

格调沉稳的会客空间，硬装和软装的色彩统一，都是低明度和低饱和度的色彩。家具造型和布局端正大气，具有仪式感，满铺地毯上是中式风格传统的图案纹样，图形和深褐色将围合式摆放的几件家具统一在同一气质里，与硬装的气质相互呼应。橙黄色花艺和空间中小面积的旧金色色相一致，增加了空间的精致感。

矩阵纵横设计

【软装造型】

直线条、弧线条、圆形

【软装材质】

棉、大理石、亚光漆、不锈钢、羊毛

【空间色彩】

浅灰色、黑色、红褐色、褐色、旧金色、橙黄色

> 王锦阳设计

【软装造型】

直线条、圆形

【软装材质】

亚光漆、陶瓷、不锈钢

【空间色彩】

浅灰色、蓝灰色、灰白色、旧金色

【软装陈设表现】

边柜的拉手造型古朴别致，有一定的装饰感。装饰画的摆放方式是现在较流行的一种手法，不是固定一个点挂在墙上，而是用更随意的方式放在边柜上。花器和旁边的装饰摆件造型是成套的，插花造型自然轻盈，另一边的雕塑纤细。装饰品的气质相互呼应，融合统一。

> 矩阵纵横设计

【软装造型】

直线条、弧线条

【软装材质】

皮革、不锈钢、亚光漆、陶瓷

【空间色彩】

深褐色、黑色、灰白色、旧金色

【软装陈设表现】

从局部硬装可以看出，整体空间的设计基调是比较深沉考究的。茶几、沙发和托盘、装饰盒，这些装饰元素的材质都没有光泽感。在灯光的烘托下，茶几的质感复古高级，质朴的花器保留最传统花器的模样，是符合空间气质的装饰品。狮子雕塑和装饰茶杯的金色，是点缀在空间中的细节。

【软装陈设表现】

温润自然的客厅空间，墙面大面积的木质装饰为空间带来温暖的感觉。软装家具多选择温和舒适的材质，造型都有设计的装饰细节，色彩都带有灰度，与空间中的硬装基调相融合，空间整体气质清雅高级。图案纹理的丰富度增加了空间的装饰感，值得耐心寻味。

【软装造型】

直线条、弧线条

【软装材质】

棉、亚光漆、木、不锈钢

【空间色彩】

原木色、灰白色、浅灰色、灰色、蓝灰色、黑色

【软装陈设表现】

轻奢质感的现代中式风格卧室，硬装的墙面和顶面都有不锈钢线条点缀，和墙面石材的纹理一起体现了奢华的质感。家具的造型大气稳定，运用皮革、绒布、大理石、不锈钢等富有光泽感的材质，结合灰调高级的色彩，营造轻奢的氛围。休闲椅的墨绿色也是具有华丽感的色彩。整体空间用色明亮，主要通过材质打造精致的轻奢感。

【软装造型】

直线条、弧线条

【软装材质】

皮革、绒布、大理石、不锈钢、亚光漆、羊毛

【空间色彩】

灰白色、浅咖色、藕荷色、褐色、墨绿色、蓝灰色、金色

【软装造型】

直线条、圆形

【软装材质】

实木、亚克力、绒布、不锈钢、亚光漆

【空间色彩】

原木色、咖啡色、浅灰色、灰色

【软装陈设表现】

硬装基调温暖舒适的书房空间，色彩柔和高级。家具的材质是亮点，天然板材的桌面搭配亚克力的桌腿，极具时尚感，当光洒下，可以营造出桌面的天然板材是悬浮在空间中的视觉感。桌面和书柜里的装饰品选择的都是亚光的材质，质感温润。亚克力和灯具的不锈钢材质是空间精致感的表达。

【软装陈设表现】

空间中的硬装造型有很多细节，软装陈设也同样很丰富。家具造型传统经典，台灯和根雕装饰造型保留了自然造型的本真，张扬不规矩。罗汉床和羊毛地毯有着丰富的图案纹理，抱枕也同样具有装饰感。设计元素如此饱满的空间，由于空间的用色统一，且注重留白处理，因此显得规整有序。

> 吴泽空间设计

【软装造型】

直线条、弧线条、圆形

【软装材质】

棉、亚光漆、木、羊毛、不锈钢

【空间色彩】

深褐色、米白色、橙黄色、中国红、金色

【软装陈设表现】

硬装和软装的大面积色彩都是深褐色和灰白色，装饰品的蓝灰色、紫灰色和绿灰色，都能表达华丽感，但都有灰度，因此和整体空间融合统一。饰品的材质和色彩相互呼应，通过低调的质感和精致的细节，例如抱枕丝绵面料的光泽感和抱枕上的装饰贝壳，营造更生动的空间。

> 李益中空间设计

【软装造型】

直线条

【软装材质】

棉、丝绵、亚光漆、木、陶瓷、不锈钢、贝壳装饰

【空间色彩】

灰白色、褐色、深褐色、蓝灰色、紫灰色、绿灰色、古铜色

> 几何空间设计

【软装造型】

直线条、圆形

【软装材质】

亚光漆、不锈钢

【空间色彩】

深褐色、黑色、金色、灰白色、灰色

【软装陈设表现】

端景处选择的软装陈设通常都是装饰性大过实用性的，围绕空间的主题基调，选择切合主题的陈设。本案这一处端景处，只用三件软装陈设就已经完整表达了设计的主题内容。边柜的款式稳重，颜色深，细节变化少，装饰画和装饰摆件的造型则富有艺术感，留白、画面和造型都具有动态美，动静之间彰显陈设艺术之美。

> 华筑壹品设计

【软装造型】

直线条、弧线条、圆形

【软装材质】

亚光漆、丝绒、皮革、陶瓷

【空间色彩】

浅褐色、原木色、深褐色、浅咖色、钴蓝、金色

【软装陈设表现】

这个餐饮空间中的主体色调都是暖色系。墙面不锈钢边条的装饰细节增加了奢华感。空间中的奢华感还体现在餐椅上，皮革和带有装饰纹样的丝绒材质有淡淡的光泽，质感高级。此外，还体现在精致的餐巾扣和装饰罐等细节。钴蓝色在空间中是互补色，增加了色彩开放度，精致感的蓝色与整体空间的气质相呼应。

【软装造型】

直线条、弧线条

【软装材质】

皮革、不锈钢、棉、羊毛、丝绵、陶瓷

【空间色彩】

浅灰色、浅咖色、旧金色、浅灰褐、蓝灰色、黑色

【软装陈设表现】

这是一个软装陈设表达得非常饱满的空间，在床尾的位置放置了单人沙发、落地灯和边柜，边柜上的装饰品陈设非常丰富。一组具有艺术感的花器，搭配装饰盒和装饰摆件，还有装饰画，这是边柜上常见的软装陈设方式。软装需要注意的要点是，在营造氛围的同时要注重装饰品造型的稳定感和灵动感。

【软装造型】

直线条、弧线条

【软装材质】

亚光漆、木、陶瓷、铁艺

【空间色彩】

浅褐色、深褐色、灰色、象牙白

【软装陈设表现】

空间中的茶椅造型传统、纤细，茶桌造型沉稳厚重，有很好的平衡关系。家具的材质都是半亚光的，和墙面墙布的质感吻合，装饰摆件的材质都是亚光质感的陶瓷。空间用色内敛，几乎所有的颜色都是在褐色里做深浅变化。墙面壁龛里的深色与家具的色彩呼应，壁龛里的小面积灰白色为空间增加了一抹清雅的气质。

【软装陈设表现】

气质温润的卧室空间，从硬装到软装的材质都有淡淡的光泽感，色彩温和。通过深褐色的墙面背景、床头柜、装饰抱枕来增加空间中的重色，保持用色平衡。墙面和床上用品都有装饰图形纹理，以充分的细节处理，让空间显得精致、丰富。

【软装造型】

直线条、弧线条、圆形

【软装材质】

棉、丝绵、皮革、亚光漆、陶瓷

【空间色彩】

浅咖色、深褐色、咖啡色、米黄色、橙色

【软装陈设表现】

这是一个客餐厅连通设计的空间，空间感大，落地窗的设计让室内采光充足。主沙发选择的是转角沙发的款式，舒适性高。单人沙发、茶几和边几的造型都是有线条感的装饰，轻盈有细节，同时和主沙发造型的厚重感互补。通过抱枕和地毯的图案纹理以及装饰品的搭配，让空间装饰更加丰富。

【软装造型】

直线条、弧线条、圆形

【软装材质】

棉、不锈钢、亚光漆、羊毛、陶瓷

【空间色彩】

米白色、咖啡色、深褐色、浅灰色、蓝灰色、金色

【软装造型】

直线条

【软装材质】

亚光漆、陶瓷、不锈钢

【空间色彩】

浅咖色、灰白色、黑色、灰色、红色、金色

【软装陈设表现】

通过装饰画的画面内容，能让人感受到空间感和更多立体的细节。透视原理在画面中表现出的纵深感，让空间景致变得深邃且富有内涵。家具造型简洁，边柜上的装饰品少而精致。装饰画的运用，是这个局部软装陈设的设计点。

【软装造型】

直线条

【软装材质】

亚光漆、不锈钢、陶瓷、有机材料

【空间色彩】

深褐色、黑色、橙红色、旧金色

【软装陈设表现】

边柜上装饰品的造型和材质都有一种野性的美感，质朴、自由，装饰画的气质亦如此。通过局部的墙面和边柜的造型，可以判断空间中大件物品的装饰是传统并具有稳定感的。在此基础上，装饰品和装饰画的格调，能让空间充满灵气。

> 艺居软装设计

【软装造型】

直线条

【软装材质】

亚光漆、棉、大理石、不锈钢、玻璃、陶瓷、羊毛

【空间色彩】

原木色、灰白色、深灰色、灰色、蓝灰色

【软装陈设表现】

这个空间中式感的设计表达是非常内敛的，没有直白的设计造型，没有过于强调的材质和颜色，淡淡的中式韵味通过装饰品传递出来，温和有质感。沙发的造型局部有细节表达，整体稳定偏厚重的款式，通过色彩减轻了款式带来的厚重感。书柜里的软装陈设都是雅致的，用色简洁、平衡。装饰立体画由大面积留白和自然形态的木质材料构成，传神地表达了中式意境。

> 元禾大千

【软装造型】

直线条、圆形

【软装材质】

亚光漆、棉、木、不锈钢、陶瓷

【空间色彩】

浅灰色、深灰色、灰白色、咖啡色

【软装陈设表现】

色调统一的空间，通常会运用不同的材质来打造更丰富的美感。在这个中式书房空间中，桌面的文房四宝和装饰台灯，质朴和有精致感的材质相互影响，有一种冲突矛盾美。墙面装饰画的色调和空间统一，画面的几何图形与台灯造型相呼应。

【软装造型】

直线条、弧线条

【软装材质】

亚光漆、木、不锈钢、亚克力、陶瓷

【空间色彩】

深褐色、米白色、黑色、灰白色、墨绿

【软装陈设表现】

深褐色的书柜，书柜里的装饰陈设大都选用深色，其色彩和书柜的色彩接近，小面积浅色装饰点缀，这样能表达更统一的设计效果。书柜前的花架和装饰绿植，与书柜的材质、色彩都融合得很好，不觉突兀。

【软装造型】

直线条、弧线条

【软装材质】

大理石、不锈钢、亚光漆、陶瓷、木

【空间色彩】

灰白色、浅灰色、浅褐色、深灰色、灰色

【软装陈设表现】

中式书房的茶桌上摆放茶具，还原喝茶的场景，营造真实的氛围最能打动人。茶桌上的花艺和绿植造型，通过即兴、熟练的插花技巧，呈现原始美感。书柜里舍弃仿真书而选用真书，再加上墙面空灵写意的水墨画面，为空间气质加分不少。设计中的美感依托于人的情感，是最真实的表达。

【软装陈设表现】

装饰画上抽象写意的内容，如天地初开时的混沌状态，远古的云、山、河流……画面给予人无尽的想象空间。边柜上的器皿，色彩深沉，牛骨质感的小雕塑以及造型酷似犄角的装饰摆件，其气质和整体空间一致。画面中虽然只是空间内的一个局部，但仍然可以看到明确的设计思路。

【软装造型】

直线条、圆形

【软装材质】

亚光漆、不锈钢、陶瓷、木

【空间色彩】

浅褐色、深灰色、旧金色、橙色

【软装造型】

直线条、不规则图形

【软装材质】

亚光漆、不锈钢、皮革、木

【空间色彩】

咖啡色、深褐色、金色、旧金色、黑色

【软装陈设表现】

图案肌理醒目的装饰画，画面质感粗犷，极具装饰感。边柜上有清晰的装饰线条。在装饰品的选择上，注重呼应空间内粗犷复古的气质，艺术雕塑和装饰盒都是富有质感的亚光材质。同时，饰品的造型也非常适合这个空间。

【软装造型】

直线条、弧线条

【软装材质】

棉、亚光漆、陶瓷、不锈钢、玻璃

【空间色彩】

浅灰色、米白色、褐色、咖啡色、蓝灰色、旧金色

【软装陈设表现】

写意的壁纸图案让空间充满生气，大面积浅色系搭配床屏蓝灰色营造清冽精致感，表达出中式空间写意的韵味，木质的暖色为空间增加了温度。床头柜上方的装饰吊灯，传统的造型、现代的材质，是当代的设计表现。床头柜上的陈设精致考究，造型自然生动的花器和活灵活现的雕塑人像，都丰富了空间的情感表达。

【软装陈设表现】

祥云图案的抱枕，色彩与大基调一致，传达出写意的美感，钴蓝色的抱枕则是通过色彩来增加装饰性。茶几上的装饰品具有浓浓的中式气质，也是空间中的装饰点，传统的造型、现代的材质，是非常适用于现代中式空间的设计表达。

【软装造型】

直线条、弧线条

【软装材质】

棉、亚光显纹漆、不锈钢、陶瓷

【空间色彩】

灰白色、黑色、咖啡色、钴蓝、旧金色

【软装陈设表现】

空间中的家具造型纤细、灵动，是最直白的设计表达，让人一眼就可以判断这个空间的风格气质。空间以暖色调为主，橙灰色是从背景色中提炼出来的颜色，能增加空间的装饰感和温度，搭配互补色森林绿，能让空间焕发出勃勃生机。色彩的表达增加了空间自然舒适的居室氛围。

【软装造型】

直线条、弧线条、圆形

【软装材质】

亚光漆、棉、丝绵、羊毛、不锈钢

【空间色彩】

浅咖色、深褐色、米白色、深灰色、森林绿、橙灰色

【软装造型】

直线条、弧线条、圆形

【软装材质】

亚光漆、藤编、棉、陶瓷、不锈钢

【空间色彩】

浅褐色、原木色、浅灰色、深灰色、黑色

【软装陈设表现】

这是个极具艺术装饰美感的空间。休闲椅造型时尚，材质是藤编、黑色亚光漆和水墨图案的布艺组合，既有当代感，又有传统的神韵。墙面的立体装置艺术画也是空间中具有装饰性的设计表达，通过组合形式的构图和风雅水墨图案的画面营造中式意境。边柜上花器的气质，与休闲椅和装饰画呼应。不锈钢细节点缀，增加了空间中的精致感。

【软装造型】

直线条、弧线条、圆形

【软装材质】

亚光漆、皮革、装饰铜钉、陶瓷

【空间色彩】

浅褐色、深褐色、橙色、灰白色、钴蓝、金色、中国红

【软装陈设表现】

空间中的这一角，处处透露着精致的细节。边柜是传统翘头案的现代改良款，优美的弧线非常有装饰感。装饰品为空间带来更多浓郁的精致氛围，造型都颇有艺术的美感。装饰画上染过色的铜钉、温润质感的陶瓷雕塑以及金色的花器都具有很好的装饰感，搭配冬青花，空间装饰从细节中流露出动人的美感。

【软装造型】

直线条、弧线条

【软装材质】

亚光漆、木、棉、丝绵、陶瓷、不锈钢、玻璃

【空间色彩】

灰白色、深灰色、灰色、竹青色、旧金色

【软装陈设表现】

空间中的硬装和家具偏向现代风格，造型经典，用色高级。细细品味装饰品，能找到很多表达中式气质的细节：沙发上的装饰抱枕有丰富的图案肌理，灰白色调和竹青色调很好地表达了中式风格的清雅感；书柜里的书籍都是经典历史书籍，陶艺的装饰罐和花器上都有写意的图案；台灯灯体上的水墨图……空间中的装饰品数量丰富，通过这些精致的装饰，表达中式风格的韵味。

【软装造型】

直线条、圆形

【软装材质】

棉、丝绵、大理石、亮光漆、亚光漆、不锈钢

【空间色彩】

灰白色、深褐色、黑色、钴蓝、金色、橙色

【软装陈设表现】

精致的中式空间，硬装设计和软装陈设都有值得细细品味的装饰点。墙面的壁纸画面内容清雅闲适，木饰面上泛着细腻的光泽，高级、讲究。家具的造型也颇有看点，组合式的茶几让这个中式空间有当代的艺术气质，装饰品的选择和摆放都是精心考虑过的，多而不乱，饱满有序。柿子的色彩和钴蓝色抱枕的颜色互补，让空间的色彩层次更丰富。

【软装陈设表现】

在长茶桌和墙面窗帘的中间，根据空间动线布局设计了屏风隔断，屏风画面写意，色调优美，极大地增强了空间中式的氛围。家具造型经典，用色高级。棉质布艺的材质内敛，搭配灰色系更有高级的质感。木质的桌面和椅凳也是亚光的，带有灰调的质感，大面积的灰色调窗帘与家具气质统一和谐。

【软装造型】

直线条、弧线条、自然形态

【软装材质】

亚光漆、木、棉、丝绵、陶瓷

【空间色彩】

灰色、灰白色、紫灰色、咖啡色、原木色

【软装陈设表现】

空间中的家具是组合套系，造型轻盈，与大面积色彩带来的明亮感和装饰画写意图案的感觉一致。局部有华丽的点缀，单人沙发的酒红色面料上，有祥云图案的纹理细节，绒布面料也是体现华丽的设计表达。酒红色和墙面的深褐色属同一色相，使通过色彩营造的华丽感在空间中有所呼应。华丽感在空间中还有其他细节的表达，如台灯和装饰品摆件。

> 创时空设计

【软装造型】

直线条、弧线条、圆形

【软装材质】

棉、绒布、大理石、亚光漆、羊毛、不锈钢

【空间色彩】

灰白色、深褐色、浅褐色、酒红色、橙色、黑色、旧金色

【软装造型】

直线条、圆形

【软装材质】

亚光显纹漆、大理石、皮革、棉、不锈钢

【空间色彩】

灰白色、黑色、咖啡色、浅咖色、中国红、金色

【软装陈设表现】

通过墙面的木格栅装饰、沙发面料的装饰细节、自然纹理图案的抱枕、组合式的茶几以及茶几的材质，可以判断这是一个具有装饰感，有考究细节的中式空间。茶几上的软装陈设，如花艺、狮子摆件、装饰盒以及垂钓艺术人物雕塑，装饰效果精致考究，并与空间整体的设计基调吻合。

【软装造型】

直线条、圆形

【软装材质】

亚光漆、不锈钢、陶瓷、皮革、木

【空间色彩】

咖啡色、深灰色、旧金色

【软装陈设表现】

这是一个用色高级且有质感的空间。壁柜里的每一件软装陈设都是精挑细选过的，花器是陶瓷材质，装饰盒是皮革材质，装饰马有细腻的肌理和色泽，同时还为饰品搭配了精致的壁灯。空间内装饰元素的共性是色调统一，材质都具有淡淡的光泽，差异是通过不同的材质体现更多的质感。第一眼看平淡无奇，细细品味后就能感受到设计师的心意。

主要编写人员介绍

王梓羲

毕业于北京交通大学环境设计专业，进修于中央美术学院
中国建筑装饰协会高级住宅室内设计师
中国建筑装饰协会高级陈设艺术设计师
二级花艺环境设计师
中国传统插花高级讲师
软装行业教育专家
家居流行趋势研究专家
ZLL CASA 设计创始人、创意总监
华诚博远软装部创意总监
菲莫斯软装学院高级讲师
亚太设计大赛家居优秀奖
国际环艺创新设计作品大赛二等奖
中国设计年度别墅空间组最具创新设计人物

从业十余年，致力于明星私宅、酒店、会所的室内设计，是倡导并积极实践“一体化整体设计理念”的先行者，主张通过空间的一体化设计，让居住空间实现物境、情境、意境的和谐统一。设计理念是“真实的灵感瞬间应该都来自于对生活的深层次记忆及感悟”。于2016年参编热销软装设计图书《室内装饰风格手册》《软装设计手册》等。

代表案例

山水文园别墅，私宅
优山美地别墅，私宅
新世界丽樽别墅，私宅
颐和原著别墅，私宅
三亚西山渡别墅，私宅
星河湾，私宅
富力十号，私宅
MOMA 北区，私宅
九章别墅，私宅
万科大都会，中式会所
固安梨园，中式会所
半岛燕山酒店
北京善方医院
白洋淀温泉度假酒店
北京国开东方西山湖，样板间
天津亿城堂庭，售楼处、样板间

白帆帆

毕业于哈尔滨工业大学建筑工程技术专业，古风圈非著名词作者，室内设计联盟特约讲师。

设计理念：商业以客群为始，以广进为要，不贪多建；住宅以舒适为始，以安全为要，不慕虚名。

曾获 2015 年度中国室内设计联盟设计大赛一等奖，2016 年度营造空间住宅类金奖提名，2016 年度营造空间商业类原创设计奖提名，2017 年度艾特奖展厅类奖项提名，2018 年参与编撰热销软装图书《室内装饰风格手册》。

曾主持设计：浙江金华九龙堂地标性建筑室内外设计、浙江金华紫金山庄中式合院设计、陕西西安九龙堂展厅室内外设计、陕西西安万物合一展厅室内外设计、山西太原创客中心室内设计、山东威海威高集团牙科医院室内设计、陕西西安曲江新区别墅设计、河南郑州地产别墅样板间、七贤居展厅室内设计等。

徐开明

进修于中国美术学院，6 年平面设计师工作经验，10 年软装设计师工作经验，是国内专业从事软装设计工作的先行者。具有较高的审美意识和艺术鉴赏力，熟悉软装艺术的历史风格，精通软装设计流程与方案设计。

曾在浙江、江苏等地主持过多家知名房地产企业的样板间软装搭配，并应邀赴国内多家软装培训机构讲学。

龙涛

易配者软装学院创始人、敦煌国际设计周评委、中国软装美学空间设计大赛评委、国际商业美术师协会特聘讲师、ICDA 高级室内设计师、中管院高级软装设计师。

著有《设计师成名接单术》《软装谈单宝典》《重构软装企业盈利新模式》《家居空间与软装搭配——别墅》《家居空间与软装搭配——豪宅》《100% 谈单成交术》。

敬告图片版权所有者

本书前后历时一年多时间整理编辑，在查阅了大量资料的同时，积极与本书刊登的图片版权所有者进行联系。其中部分图片版权所有者的姓名及联系方式不详，编者无法与其取得联系，敬请这部分图片版权所有者与编者联系（请附相关版权所有证明），以致谢忱。

扫码与本书主编
交流更多软装知识